Moez Maghrebi
Mokded Rabhi
Abderrazak Smaoui

La réponse de Polypogon monspeliensis (L.) Desf à la contrainte saline

Moez Maghrebi
Mokded Rabhi
Abderrazak Smaoui

La réponse de Polypogon monspeliensis (L.) Desf à la contrainte saline

Exploration de la variabilité de la réponse chez quelques provenances tunisiennes

Presses Académiques Francophones

Impressum / Mentions légales
Bibliografische Information der Deutschen Nationalbibliothek: Die Deutsche Nationalbibliothek verzeichnet diese Publikation in der Deutschen Nationalbibliografie; detaillierte bibliografische Daten sind im Internet über http://dnb.d-nb.de abrufbar.
Alle in diesem Buch genannten Marken und Produktnamen unterliegen warenzeichen-, marken- oder patentrechtlichem Schutz bzw. sind Warenzeichen oder eingetragene Warenzeichen der jeweiligen Inhaber. Die Wiedergabe von Marken, Produktnamen, Gebrauchsnamen, Handelsnamen, Warenbezeichnungen u.s.w. in diesem Werk berechtigt auch ohne besondere Kennzeichnung nicht zu der Annahme, dass solche Namen im Sinne der Warenzeichen- und Markenschutzgesetzgebung als frei zu betrachten wären und daher von jedermann benutzt werden dürften.

Information bibliographique publiée par la Deutsche Nationalbibliothek: La Deutsche Nationalbibliothek inscrit cette publication à la Deutsche Nationalbibliografie; des données bibliographiques détaillées sont disponibles sur internet à l'adresse http://dnb.d-nb.de.
Toutes marques et noms de produits mentionnés dans ce livre demeurent sous la protection des marques, des marques déposées et des brevets, et sont des marques ou des marques déposées de leurs détenteurs respectifs. L'utilisation des marques, noms de produits, noms communs, noms commerciaux, descriptions de produits, etc, même sans qu'ils soient mentionnés de façon particulière dans ce livre ne signifie en aucune façon que ces noms peuvent être utilisés sans restriction à l'égard de la législation pour la protection des marques et des marques déposées et pourraient donc être utilisés par quiconque.

Coverbild / Photo de couverture: www.ingimage.com

Verlag / Editeur:
Presses Académiques Francophones
ist ein Imprint der / est une marque déposée de
OmniScriptum GmbH & Co. KG
Heinrich-Böcking-Str. 6-8, 66121 Saarbrücken, Deutschland / Allemagne
Email: info@presses-academiques.com

Herstellung: siehe letzte Seite /
Impression: voir la dernière page
ISBN: 978-3-8381-4705-5

Copyright / Droit d'auteur © 2014 OmniScriptum GmbH & Co. KG
Alle Rechte vorbehalten. / Tous droits réservés. Saarbrücken 2014

SOMMAIRE

INTRODUCTION GENERALE 1
Chapitre 1. REVUE BIBLIOGRAPHIQUE 3
1. Effets physiologiques de la contrainte saline chez les plantes 3
    1.1. Effet sur la croissance 3
    1.2. Effet sur la photosynthèse 4
    1.3. Effet sur la nutrition minérale 5
2. Tolérance au sel des plantes: glycophytes et halophytes 6
3. Mécanismes de tolérance au sel chez les halophytes 7
    3.1. A l'échelle de la plante entière 7
    3.2. A l'échelle des tissus 7
    3.3. A l'échelle cellulaire 8
4. Intérêts des halophytes 9
    4.1. Intérêt écologique 9
    4.2. Phytodessalement des sols affectés par les sels 10
    4.3. Phytoremédiation 10
    4.4. Production d'huile 10
    4.5. Production de bois 11
    4.6. Intérêt médicinal 11
    4.7. Ornementation 12
    4.8. Nutrition humaine 12
    4.9. Fourage 13
        4.9.1. Production de biomasse 13
        4.9.2. Valeur nuritive 13
Chapitre 2. MATERIEL ET METHODS 15
1. Matériel végétal 15
2. Composition du milieu de culture 17

3. Méthodes d'analyse 17
3.1. Mesure des échanges gazeux 18
3.2. Analyse minérale 19
3.2.1. Extraction des ions 19
3.2.2. Dosage des ions 20
4. Paramètres d'analyse des résultats 22
4.1. La croissance moyenne relative (CMR) 22
4.2. Hydratation des tissus 23
4.3. Efficacité d'absorption (EA) 23
4.4. Efficacité d'utilisation (EU) 24
4.5. Vitesse d'absorption des nutriments (J) 24
4.6. Sélectivités d'absorption K^+/Na^+, Ca^{2+}/Na^+ et Mg^{2+}/Na^+ 25
4.7. Analyse statistique 25

Chapitre 3. VARIABILITE DE LA REPONSE AU SEL CHEZ *POLYPOGON MONSPELIENSIS* (L.) DESF. : I- Croissance, statut hydrique et photosynthèse

1. Introduction 26
2. Méthodologie 27
3. Résultats 28
   3.1. Aspect morphologique des plantes 28
   3.2. Croissance 31
      3.2.1. Croissance en longueur 31
      3.2.2. Croissance pondérale 32
   3.3. Status hydrique 34
      3.3.1. Cas des organes aériens 34
      3.3.2. Cas des racines 35
   3.4. Photosynthèse 35
      3.4.1. Assimilation du CO_2 (A) 35
      3.4.2. Conductance stomatique (gs) 36

3.4.3. Transpiration (E) 37
4. Discussion 38
5. Conclusion 42
Chapitre 4. VARIABILITE DE LA REPONSE AU SEL CHEZ *POLYPOGON MONSPELIENSIS* (L.) DESF. : II- Comportement nutritionnel

1. Introduction 44
2. Méthodologie 45
3. Résultats 45
   3.1. Accumulation du Sodium 45
   3.2. Nutrition potassique 47
   3.3. Nutrition calcique 49
   3.4. Nutrition magnésienne 51
4. Discussion 52
5. Conclusion 63
CONCLUSION GENERALE 65
REFERENCES BIBIOGRAPHIQUES 66

Introduction générale

La production de fourrage en Tunisie est insuffisante pour répondre aux besoins en alimentation du bétail. D'importantes quantités de fourrage sont importées chaque année. Il est devenu nécessaire d'intensifier les cultures fourragères et par conséquent l'introduction des cultures fourragères non conventionnelles dans les systèmes de production. Ce problème se pose avec beaucoup d'acuité dans les régions arides et semi-arides où les plantes sont soumises à diverses contraintes environnementales dont particulièrement la salinité. Par ailleurs, certaines espèces, qui auraient acquis les caractéristiques requises pour tolérer le sel, peuvent assurer une productivité d'intérêts économiques et/ou écologiques pour combler en premier lieu le déficit en fourrage et pour exploiter et valoriser, en second lieu, les zones marginales fortement salées et les ressources hydriques non conventionnelles. En Tunisie, les sols affectés par les sels s'étendent sur 1.5 millions d'hectares, soit environ 10% de l'ensemble du territoire et 18% des terres agricoles (Hachicha et al., 1994). A cette superficie se rajoutent annuellement environ 1000 hectares à cause de la salinisation par les eaux d'irrigation de qualité médiocre (teneur en sels solubles comprise entre 0.5 et 4.5 g. l^{-1}). Toutefois, la réhabilitation et l'amélioration de la productivité de ces sols restent dépendantes de l'identification et de l'exploitation des espèces tolérantes à la salinité. Il serait donc intéressant de cultiver des espèces fourragères adaptées à ces milieux impropres à l'agriculture. Le choix de ces espèces se fera en fonction de leur productivité et de leur qualité fourragère en conditions de contrainte saline. Il s'agit donc d'identifier les espèces intéressantes et d'étudier leur comportement vis-à-vis de la salinité.

Dans le cadre de cette approche, qui vise à l'identification et la caractérisation physiologique des plantes natives des biotopes salins, nous avons choisi une espèce annuelle de la famille des Poacées originaire des habitats salins,

Polypogon monspeliensis. Cette espèce a été proposée comme candidate prometteuse pour la création des systèmes productifs dans les zones salines marginales et/ou la valorisation des ressources. Ce travail a été conduit sous la direction de Monsieur Abderrazak Smaoui, au Laboratoire des Plantes Extrêmophiles du Centre de Biotechnologie de Borj-Cédria/ Tunisie, et a pour objectifs d'explorer la variabilité de la réponse au sel chez dix provenances tunisiennes en se basant sur des critères physiologiques tels que la croissance, la photosynthèse, le statut hydrique et le comportement nutritionnel.

Chapitre 1

REVUE BIBLIOGRAPHIQUE

1. Effets physiologiques de la contrainte saline chez les plantes

1.1. Effet sur la croissance

La salinité est parmi les contraintes abiotiques majeures qui sont à l'origine d'une réduction de la croissance et du rendement des plantes, notamment dans les zones arides et semi-arides qui occupent le tiers des terres irriguées dans le monde (Flowers, 2004). Chez plusieurs espèces végétales, les dégâts induits par le stress salin se manifestent le plus souvent par une séquence de changements morphologiques et physiologiques (Levigneron et al., 1995) où les fortes concentrations de sel peuvent affecter les différents stades de développement de la plante, en particulier les parties aériennes (Marcelis et al., 1999), et entraîner un déséquilibre et/ou une toxicité ioniques pouvant altérer certains processus métaboliques vitaux. Ashraf (1994) et Marschner (1995) attribuent l'impact de la salinité sur la croissance des plantes (1) au faible potentiel osmotique de la solution de sol (effet osmotique), (2) au déséquilibre nutritionnel, (3) à l'effet spécifique d'ion (effet ionique), ou (4) à leur interaction. Tous ces effets néfastes sur la croissance et le développement des plantes ont été démontrés aux niveaux physiologique, biochimique et moléculaire (Winicov, 1998 ; Munns, 2002 ; Tester et Davenport, 2003).

Selon Maas (1993), l'effet le plus commun de la salinité est un arrêt général de la croissance. La réponse immédiate à un stress salin est la réduction de l'expansion foliaire qui cesse à fortes concentrations (Wang et Nil, 2000) et se répercute négativement sur la croissance de la plante entière (Hernandez et al., 1995). Munns et Tester (2008) ont proposé un modèle diphasique pour la réponse de la croissance des organes aériens à la salinité. La première phase apparaît rapidement et elle est due à une baisse du potentiel hydrique du milieu (phase osmotique). Au cours de cette phase, la réduction de la croissance des parties aériennes est, probablement, due à des signaux hormonaux émis par les racines. La seconde phase prend du temps pour s'installer et résulte du dégât interne. Elle est due à l'accumulation du sel dans les feuilles transpirantes à des niveaux excessifs dépassant la capacité des cellules à le compartimenter dans leurs vacuoles. Cette accumulation peut entraîner une sénescence prématurée des feuilles et réduire leur activité photosynthétique à un niveau qui ne peut pas soutenir la croissance de la plante. Chez les plantes soumises à la salinité, et particulièrement à NaCl, une fois la photosynthèse est affectée, la biosynthèse des carbohydrates, qui sont indispensables à la croissance cellulaire et qui sont fournis principalement par le processus de la photosynthèse, est, également, affectée (Parida et al., 2005). Ainsi, pour comprendre les effets du sel sur la croissance d'une plante, il est nécessaire d'étudier ses réponses photosynthétiques (Rabhi et al., 2010a) et son comportement nutritionnel (Rabhi et al., 2010b) vis-à-vis de la contrainte.

1.2. Effet sur la photosynthèse

Ce processus d'importance primordiale est une cible principale de la salinité (Garcia-Sanchez et al., 2002; Liska et al., 2004; Stepien et Klobus, 2006). L'effet dépressif de sel sur la photosynthèse peut être dû à une limitation stomatique par fermeture des stomates (Pascale et Barbieri, 1995; Goldstein et al., 1996), une limitation non stomatique (Drew et al., 1990; Ouerghi et al., 2000) ou les deux ensemble, avec une diminution de la conductance stomatique aux faibles concentrations de sel dans les tissus et une baisse de l'activité photosynthétique lorsque ces derniers se chargent davantage en sel (Downton et al., 1990; Yeo et al., 1991). La fermeture des stomates minimise les pertes d'eau par transpiration, ce qui affecte la capture de la lumière par les photosystèmes et conduit à une altération de l'activité des chloroplastes (Iyengar et Reddy, 1996 ; Burman et al, 2003). Elle réduit, également, la disponibilité de CO_2 pour les réactions de carboxylation (Garcia-Legaz et autres, 1993). Quant aux effets non-stomatiques, l'accumulation cytosolique des ions salins à des concentrations toxiques est capable de réduire ou même d'inhiber l'activité de la ribulose 1,5-bisphosphate carboxylase/oxygénase (Rubisco) et des autres enzymes du cycle de Calvin (Rivelli et al., 2002). Les dégâts photosynthétiques peuvent être partiellement réversibles si l'accumulation de sel à l'intérieur des feuilles est réduite par irrigation à l'eau non salée. Mais, ils peuvent être irréversibles à cause d'une réduction de l'activité et du contenu de la Rubisco si l'effet est prolongé et le sel continue à s'accumuler dans les feuilles (Delfine et al., 1999). En conditions de salinité sévère, le sodium se lie au photosystème II (PSII), inhibe son fonctionnement et bloque irréversiblement l'évolution de la machinerie de l'oxygène, empêchant de ce fait le transfert d'électron à partir de l'eau (Allakhverdiev et al., 2000). Par conséquent, un stress oxydatif s'installe (Stepien et al., 2009).

1.3. Effet sur la nutrition minérale

Dans les sols affectés par les sels, les concentrations de Na^+ et/ou Cl^- sont souvent beaucoup plus élevées que celles des éléments nutritifs, notamment les oligo-éléments (Carbonell-Barrachina et al., 1998). Des travaux récents ont montré que le sel induit un déséquilibre ionique au niveau cellulaire pouvant se traduire par une toxicité d'ions salins, un effet osmotique (Khan et al., 2000; Chinnusamy et al., 2005) et/ou des perturbations nutritionnelles telles que la déficience en potassium (K), en calcium (Ca) (Läuchli, 1999; Maathius, 2006 ; Rabhi et al., 2010b), en magnésium (Mg) (Rabhi et al., 2010b), en azote (N) et en phosphore (P) (Grattan et Grieve, 1992). En effet, les ions Na^+ exercent un effet antagoniste vis-à-vis des ions K^+ et Ca^{2+} et s'opposent, généralement, à l'absorption des cations par les racines. Un autre effet antagoniste a, également, été identifié entre les ions Cl⁻ d'une part et les autres anions (tels que NO_3^- et SO_4^{2-}) d'autre part (Grattan et Grieve, 1992). Ces perturbations nutritionnelles affectent la croissance, la morphologie et la survie des plantes en milieu salin (Locy et al., 1996).

2. Tolérance au sel des plantes: glycophytes et halophytes

La tolérance au sel des plantes constitue un spectre continu qui s'étend des glycophytes sensibles ne pouvant pas supporter des concentrations faibles en sel aux halophytes obligatoires qui en exigent des concentrations relativement élevées pour une meilleure production de biomasse (Volkmar et al., 1998). Les glycophytes qui représentent 99% de la flore mondiale, sont des espèces normalement sensibles à la salinité; elles ont adopté des mécanismes d'absorption des nutriments à partir des sols non ou légèrement salés (Grattan et Grieve, 1992). Leur tolérance au sel dépend de leur aptitude à transporter et à accumuler les ions Na^+ dans leurs parties aériennes. Yeo et Flowers (1982) et Bizid et al. (1988) distinguent les glycophytes exclusives ou «excluders» et les glycophytes inclusives ou «includers». Les premières sont sensibles à la contrainte saline, elles minimisent l'allocation du sodium aux organes photosynthétiques et sont capables de le transporter dans le phloème et le ramener, par conséquent, vers les racines. Leur sensibilité au sel réside dans leur incapacité à compartimenter les ions Na^+ au niveau cellulaire. Les secondes sont plus tolérantes, elles accumulent facilement les ions Na^+ dans leurs feuilles et leurs cellules sont dotées d'une aptitude importante à le séquestrer dans leurs vacuoles pour protéger leurs fonctions vitales (Tester et Davenport, 2003; Munns et Tester, 2008). Pour une même espèce inclusive, le degré de tolérance au sel dépend de l'aptitude de la variété à limiter le transport des ions sodium vers les feuilles ou à assurer une haute sélectivité K^+/Na^+ (Zid et Grignon (1991).

Les halophytes ne représentent que 1% de la flore mondiale. Ce sont des plantes adaptées aux salinités sévères. Selon Binet (1999) les halophytes regroupent tous les Végétaux qui sont soumis, dans la nature, à des concentrations de sel anormalement élevées qui seraient nocives pour la plupart des plantes cultivées. Toutefois, la distinction entre halophyte facultative et indifférente, d'une part, et glycophyte tolérante, d'autre part, est le siège de plusieurs controverses. Tester et Davenport (2003) ont mis 300 mM NaCl comme seuil de tolérance pour les halophytes; toute plante dont la croissance est non ou peu affectée à cette concentration est considérée comme halophyte. La définition la plus récente des halophytes est celle de Flowers et Colmer (2008) qui considèrent comme halophyte toute plante capable d'achever son cycle de développement en présence de 200 mM NaCl ou plus.

3. Mécanismes de tolérance au sel chez les halophytes

3.1. A l'échelle de la plante entière

Les réponses à l'échelle de la plante entière incluent des mécanismes tels que (1) la restriction de l'allocation des ions Na^+ vers les parties aériennes, un processus qui se déroule en plusieurs étapes, notamment, l'entrée initiale dans les cellules épidermiques et corticales des racines, la sécrétion dans le xylème, l'extraction à partir du xylème avant l'arrivée aux organes aériens, (2) la recirculation dans le phloème, (3) l'allocation vers des parties particulières des organes aériens (telles que les feuilles âgées), (4) la sécrétion à la surface de la feuille et (5) le contrôle du flux transpiratoire (Tester et Davenport, 2003).

3.2. A l'échelle des tissus

Chez certaines espèces, la croissance et l'accumulation des ions sont équilibrées. Ce sont les plantes succulentes qui possèdent des feuilles épaisses suite à une augmentation de la taille des cellules de leur mésophylle. Ces feuilles présentent, également, des espaces intracellulaires plus petits et des mitochondries abondantes. Ces dernières deviennent plus larges mettant en évidence une plus grande demande d'énergie nécessaire pour la compartimentation et l'excrétion de sel (Siew et Klein, 1969). Chez d'autres espèces, les ions en excès sont sécrétés *via* les glandes à sel (Drennan et Pammenter, 1982). Les teneurs en éléments minéraux des organes aériens sont mieux régulées par (1) des glandes à sel spécialisées tel que le cas d'*Aeluropus littoralis* (Barhoumi et al., 2008), (2) des trichomes comme le cas d'*Atriplex halimus* (Smaoui et al., 2010) ou la surface foliaire comme le cas de *Suaeda fruticosa* (Labidi et al., 2010). Par ailleurs, l'inhibition de l'ouverture des stomates par le sodium fournit un mécanisme régulateur pour le contrôle de la teneur en sel des parties aériens lorsque la plante devient incapable de le compartimenter (Perera et al., 1994).

3.3. A l'échelle cellulaire

La réponse cellulaire immédiate au sel consiste à le séquestrer dans la vacuole afin d'en maintenir une faible concentration cytoplasmique, et pour équilibrer les potentiels osmotiques de part et d'autre du tonoplaste, elle accumule des solutés non toxiques dans le cytoplasme. Cette compartimentation intracellulaire peut être associée à la succulence qui augmente le volume des vacuoles dans lesquelles s'accumulent les ions Na^+ (Tester et Davenport, 2003). Les composés compatibles mis en jeu sont neutres, fortement solubles et incluent des métabolites secondaires comme la glycine-bétaïne, la proline et le saccharose (Hu et al., 2000; Messeddi, 2004). Toutefois, les salinités sévères conduisent à des perturbations cellulaires au niveau de l'appareil photosynthétique et le métabolisme normal des chloroplastes est alors interrompu. Cette perturbation photosynthétique expose les chloroplastes à une quantité excessive d'énergie qui engendre un excès de pouvoir réducteur, ce qui conduit à la réduction de l'oxygène moléculaire et la formation, par la suite, des espèces oxygénées réactives (EOR). En effet, durant la réduction d'O_2 en H_2O, des EOR très réactives et très toxiques pour la cellule comme le radical superoxyde (O_2^-), le peroxyde d'hydrogène (H_2O_2) et les radicaux hydroxyles ($OH^.$) peuvent être formés. En réponse à ce stress oxydatif, les cellules végétales ont développé deux systèmes de défense : un enzymatique groupant les peroxydases, les catalases et les superoxyde-dismutases (Ben Amor et al., 2005; Hafsi et al., 2010) et un non-enzymatique représenté par des molécules anti-oxydantes telles que l'ascorbate, le glutathion, le tocophérol et les flavonoïdes (Ksouri et al., 2009).

4. Intérêts des halophytes

4.1. Intérêt écologique

Les halophytes pérennes peuvent abriter dans leurs touffes des glycophytes annuelles comme des espèces de *Medicago* en leur offrant un micro-habitat favorable à leur croissance. Ceci permet le maintien de la biodiversité des écosystèmes salins et contribue efficacement à leur productivité primaire (Abdelly et al., 1995). Des psammo-halophytes qui colonisent les régions sableuses contribuent à la formation et à la fixation des dunes. Les espèces à croissance rapide comme *Sesuvium portulacastrum* et *Batis maritima* en constituent d'excellentes candidates (Lieth et al., 1999). Certaines halophytes sont cultivées essentiellement pour ce faire telles que *Limonium delicatulum* dans les dunes côtières méditerranéennes de l'Egypte (Batanouny et al., 1992) et *Salicornia virginica* et *Juncus balticus* aux Etats Unis (Bortolus et al., 1998). *Spartina alterniflora* et *Spartina patens* sont, généralement, utilisées pour la protection contre l'érosion (Courtemanche et al., 1999).

4.2. Phytodessalement des sols affectés par les sels

Le terme «phytodessalement» désigne le dessalement des sols par des plantes hyperaccumulatrices de sel au niveau de leurs organes aériens (Rabhi 2009). Le phytodessalement est basé sur la capacité de certaines halophytes à accumuler d'énormes quantités de sel dans leurs organes aériens (Helalia et al., 1990; Rabhi et al., 2010c; Rabhi et al., 2010d). Zhao (1991) a montré que les parties aériennes de *Suaeda salsa* sont capables de produire 20 tonnes de matière sèche par hectare contenant 3 à 4 tonnes de sel.

4.3. Phytoremédiation

La phytoremédiation désigne l'utilisation d'une gamme de plantes (algues, mousses, herbes et arbustes) dans un délai défini pour éliminer les polluants organiques et inorganiques présents dans des milieux solides (sols), liquides (eaux de surface et souterraines) ou gazeux (Qadir et Oster, 2002). Certaines espèces halophytiques peuvent être utilisées pour dépolluer des biotopes contaminés par les métaux lourds (Manousaki et Kalogerakis, 2010). A titre d'exemple, *Inula crithmoides* et *Plantago coronopus* ont montré une grande aptitude à accumuler Ni, Cr et Cd en maintenant une vitesse de croissance stable (Zurayk et al., 2001). D'autres halophytes telles que *Sesuvium portulacastrum* et *Mesembryanthemum crystallinum* peuvent être des candidates pour la phytoremédiation grâce à leur propriété d'hyperaccumulation de Cd (Ghnaya et al., 2005).

4.4. Production d'huile

La production d'huile végétale des graines d'halophytes semble prometteuse. Les graines de diverses halophytes, comme *Suaeda fruticosa, Arthrocnemum macrostachyum, Salicornia bigelovii, Kochia scoparia* et *Haloxylon stocksii* possèdent une quantité suffisante d'huile de table de haute qualité avec une insaturation s'étendant de 70 à 80% (Weber et al., 2001). Les graines de *Salvadora oleoides* et *S. persica* contiennent 40-50% de graisse et constituent une bonne source d'acide laurique. La graisse épurée est utilisée dans la production de savon et de bougies et peut remplacer l'huile de noix de coco (Khan et al., 2006).

4.5. Production de bois

Le bois de carburant peut être obtenu à partir d'espèces halophytiques ligneuses (arbres et arbustes) telles que celles des genres *Tamarix, Salsola, Acacia, Suaeda, Kochia* et *Salvadora* (Dagar, 1995). En outre, les espèces comme *Dalbergia sisso, Tamarix indica* et *T. salina* produisent du bois de bonne qualité. Les espèces de *Rhizophora, Avicennia* et *Aegiceras*s sont utilisées, plutôt, pour la production du charbon de bois (Khan et al., 2006).

4.6. Intérêt médicinal

Plusieurs halophytes sont potentiellement intéressantes pour la production de substances pharmaceutiques et de molécules bioactives (Shay, 1990; Ksouri et al. 2009). Certaines sont utilisées pour le traitement du froid, des grippes, des rhumes, des toux (*Plantago lanceolata, Solanum surratense, Zygophyllum simplex* et *Salvadora persica)* (Shay, 1990), de l'asthme et des bronchites *(Solanum incanum* et *Adhatoda vasica)* de l'ulcère (*Ceriops tagal* et *Withania sominifera*), de la pneumonie (*Corchorus depressus*), des maladies cardiaques *(Kochia indica, Zygophyllum simplex, Salsola richteri*), de la peau (*Centella asiatica, Salsola imbricata*) et des yeux (*Zygophyllum simplex*), des douleurs de l'oreille (*Artemesia scoparia*) (Shay, 1990) et des blessures (*Plantago lanceolata* et *Typha domingensis*) (Khan et al, 2006). D'autres sont utilisées comme vermifuge (*Artimesia scoparia, Salsola imbricata* et *Zygophyllum propinqum*), calmant (*Artimesia scoparia* et *Solanum surratense*), diurétique (*Plantago major, Portulaca quadrifida* et *Juncus rigidus*) ou stimulant (*Kochia indica*) (Khan et al., 2006).

4.7. Ornementation

Les halophytes fournissent des branches décoratives et des fleurs pouvant être utilisées à des fins d'aménagement ou d'ornementation. Vingt quatre espèces halophytiques ornementales pouvant tolérer l'eau de mer ont été cultivés dans des zones touristiques où les réserves hydriques sont le plus souvent saumâtres. Ces plantes ont été choisies uniquement sur la base de leur valeur esthétique et n'exigent aucune domestication impliquant des processus de sélection et de multiplication (Pasternak et Nerd, 1996). Parmi ces halophytes ornementales, figurent *Aster tripolium, Batis maritima, Tamarix nilotica, Sesuvium portulacastrum* et *Crithmum sp*. (Lieth et al., 2000).

4.8. Nutrition humaine

Certaines espèces halophytiques se sont révélées intéressantes pour l'alimentation humaine. Au Pakistan, les seules espèces avec des ancêtres halophytiques sont la betterave (*Beta vulgaris*) et le palmier dattier (*Phoenix dactylifera*), qui peuvent être irrigués à l'eau saumâtre (Khan et al., 2006). Les espèces comestibles, incluent *Salvadora oleoides, S. persica* et *Trianthema portulacastrum*. Les jeunes feuilles et tiges de *Salicornia bigellovi* (Lieth et al., 1999), *Sesuvium portulacastrum* (Ramani et al., 2006), *Chenopodium album* et *Suaeda maritima* sont, également, utilisées comme légumes, salades et conserves au vinaigre dans diverses parties du Pakistan (Khan et al., 2006). *Suaeda fruticosa* et *Haloxylon stocksii* sont considérées comme source de bicarbonate de sodium utilisé en cuisine. Les radicules de *Rhizophora mucronata* et de *Zizyphus nummularia* et les feuilles tendres de *Thespesia populnea* et d'*Hibiscus tiliaceus* peuvent servir de salade (Khan et al., 2006). Les graines de *Zostera marina* et de *Distichlis palmeri* sont riches en amidon (Shay, 1990).

4.9. Fourrage

Le feuillage de certaines espèces comme *Avicennia marina* et *Rhizophora mucronata* constitue un fourrage pour les dromadaires et le bétail. Parmi les arbres, des espèces d'*Acacia* et *Zizyphus* sont le fourrage traditionnel des régions arides. Plusieurs espèces de *Salicornia*, *Chenopodium*, *Atriplex*, *Salsola* et *Suaeda* sont les arbustes communs de fourrage. Parmi les herbes, *Aeluropus lagopoides*, *Cynodon dactylon* et *Puccinellia distans* sont les espèces communes trouvées dans des secteurs salins et alcalins et utilisées comme fourrage (Khan et al., 2006).

4.9.1. Production de biomasse

Pour une salinité faible ou modérée, la production de biomasse de certaines espèces tolérantes (*Festuca arundinacea* et *Lolium multiflorum*) peut être suffisante (4 à 13 t MS. ha^{-1}. an^{-1}) pour assurer une production fourragère importante, en particulier lorsque le pâturage est géré de manière rationnelle (Evans et Kearney, 2003; Suyama et al., 2006). A titre d'exemple, certaines halophytes (*Atriplex* et *Salicornia*) peuvent produire à forte salinité (70 dS m^{-1}) plus de 10 t MS. ha^{-1}. an^{-1} (Glenn et O'Leary, 1985). De même, *Spartina alterniflora* est considérée comme une plante fourragère hautement productive (6 à 9 t MS. ha^{-1}. an^{-1}) en milieu salé (60 à 120 dS m^{-1}) (Morales et al., 1980).

4.9.2. Valeur nutritive

L'évaluation des potentialités fourragères des espèces tolérantes à la salinité considèrent un autre critère qui est la valeur nutritive définie par le rapport entre la production animale et la quantité de fourrage ingérée par le bétail. Une étude faite sur dix espèces fourragères irriguées à une eau de salinité variable (15 à 25 dS m^{-1}) à montré que la valeur nutritive est très peu modifiée par le sel (Robinson et al., 2004). Cette valeur dépend de plusieurs paramètres comme la quantité d'énergie libérée par le fourrage, la digestibilité de sa matière organique et son contenu en fibres et en protéines. En effet, chez *Atriplex confertifolia*, une halophyte à potentialité fourragère importante (Abu-Zanat et Tabbaa, 2006), la digestibilité *in vivo* de la matière organique, utilisée comme indicateur de la quantité d'énergie potentiellement libérable, varie de 34.2 à 66.3 %. Chez *Salicornia bigelovii*, ce paramètre est plus élevé (67.3 et 75.3%) que chez l'espèce précédente (Glenn et al., 1992; Abouheif et al., 2000). D'autres paramètres, comme la teneur du fourrage en éléments minéraux et en composés secondaires, sont aussi utilisés (Masters et al., 2007). Ainsi, l'absorption de sel en quantités modérées peut avoir certains effets bénéfiques sur la production animale. Par ailleurs, la production de la laine est améliorée chez les moutons buvant une eau fortement concentrée en NaCl (Hemsley, 1975) et la quantité produite par kilogramme de matière organique de fourrage consommé augmente de 50% quand les chlorures de sodium et de potassium sont ajoutés à la ration alimentaire à raison de 25% de la matière sèche (Masters et al., 2005).

Chapitre 2

Matériel et méthodes

1. Matériel végétal

L'étude a porté sur une poacée, *Polypogon monspeliensis* (L.) Desf, dite aussi herbe annuelle de pied de lapin (Fig. 2.1A). Les tiges de cette plante sont des chaumes dressées, ascendantes, glabres, solitaires ou réunies en faisceaux, un peu scabres dans le haut, décombantes à la base et hautes de 10 à 50 cm. Les feuilles de couleur vertes sont linéaires glabres, planes, longues, pouvant atteindre 30 cm de long, larges de 2 à 9 mm et rudes sur les deux faces. Les gaines sont un peu renflées et les ligules sont allongées, lancéolées et frangées. C'est une plante herbacée reconnaissable par ses inflorescences velues blanchâtres à aspect soyeux. L'inflorescence est une panicule compacte d'épillets, spiciforme, cylindrique, dense, plus ou moins lobée, pouvant atteindre 12 cm de long et composée des fleurons chasmogames (les fleurs qui s'ouvrent pour la pollinisation) (Weiller et al., 1995) (Fig. 2.1B). Les épillets sont de petite taille (2 mm de long), uniflores et à pédicelle articulé. Les glumes sont plus longues que la fleur, carénées, presque égales, scabres, pubescentes, entières ou échancrées au sommet, à marges ciliées et très longuement aristées. Les glumelles sont membraneuses subégales, d'abord blanchâtres, puis roussâtres. Les glumelles inférieures sont carénées, aristées, entières, subglobuleuses avec des dents poilues et une arête caduque terminale, les supérieurs sont bi-carénées (Cuénod et al., 1954). La pollinisation est anémogame. La plante hermaphrodite fleurit de mai à août et les fleures sont de couleur jaune et le fruit est un caryopse. Les stigmates sont presque sessiles, plumeux, s'étalant à la base de la fleur. Les racines sont peu profondes et fibreuses. Les graines sont elliptiques (0.9-1.2 mm de long et 0.5-0.6 mm de large), glabres et colorées d'ambre (Fig.

1C). Les intérêts de cette espèce sont surtout fourrager et ornemental (Khan et al., 2006).

Figure 2.1. A. Aspect général de la plante de *P. monspeliensis*. B. Aspect de l'inflorescence. C. Aspect des graines.

2. Composition du milieu de culture

La composition de la solution d'irrigation en macroéléments est donnée dans le tableau 1.1, celle en oligo-éléments est présentée dans le tableau 1.2. Le fer a été préparé selon la formule de Jacobson (1951) et a été ajouté au milieu de culture sous forme d'une solution de Fe-K-EDTA.

Tableau 1.1. Composition de la solution de base en macroéléments (Hewitt, 1966).

Macroéléments	Concentration (g. l^{-1})	Concentration (mM)
$MgSO_4, 7H_2O$	185.0	1.5
KH_2PO_4	109.0	1.6
K_2HPO_4	35.0	0.6
KNO_3	151.1	3.0
NH_4NO_3	80.0	2.0
$Ca(NO_3)_2, 4H_2O$	413.0	3.5

Tableau 1.2. Composition de la solution nutritive de base en fer et en oligo-éléments

Micro-éléments	Fe	Mn	Cu	Zn	B	Mo
Concentration (ppm)	3.00	0.50	0.04	0.05	0.05	0.02

3. Méthodes d'analyse

Deux récoltes ont été effectuées: une récolte initiale pour déterminer la croissance et le statut minéral des plantes avant le traitement et une récolte finale pour déterminer la production de biomasse et le prélèvement des nutriments au cours du traitement.

3.1. Mesure des échanges gazeux

L'assimilation nette de CO_2 (A), la conductance stomatique (gs), la transpiration (E), la concentration intercellulaire de CO_2 (Ci) et l'efficacité d'utilisation de l'eau (EUE) ont été déterminées au niveau des feuilles en pleine activité photosynthétique (2ème ou 3ème feuille) à la fin de la période de traitement à l'aide d'un analyseur de gaz infra-rouge portable de type LCpro+. Au cours des mesures, la température, l'humidité relative, la concentration en CO_2 et l'intensité de PAR ont été maintenues dans la chambre de mesure à 30°C, 12 mbar, 380 µmol. mol^{-1} et 827 µmol. m^{-2}. s^{-1}, respectivement.

$A = Us * \Delta C$ (µmol. m^{-2}. s^{-1})

Us: quantité du flux d'air par mètre carré de surface foliaire (mol. m^{-2}. s^{-1})

ΔC: différence de concentration de CO_2 entre l'intérieur et l'extérieur de la chambre stomatique (µmol. mol^{-1}).

$gs = 1/rs$ (mol. m^{-2}. s^{-1})

rs= résistance stomatique à la vapeur d'eau (m^2. s^{-1}. mol^{-1})

$E = Us*\Delta W$ (mmol. m^{-2}. s^{-1})

ΔW: différence de concentration de la vapeur d'eau entre l'intérieur et l'extérieur de la chambre stomatique (mmol. mol-^{1})

$Ci = Ca - A/gs$ (µmol CO_2. mol^{-1} air)

Ca: concentration de CO_2 dans l'air ambiant.

gs: conductance stomatique.

$EUE = A/E$

Figure 2.2. L'appareil de mesure des échanges gazeux (analyseur de gaz LC*pro*+). A. Vue générale. B. Détail de la chambre de mesure.

3.2. Analyses minérales

3.2.1. Extraction des ions

Après dessiccation, la matière sèche obtenue a été broyée et transformée en poudre fine au moyen d'un broyeur planétaire à billes (Modèle PM 400 type Retsch). Cette poudre a été utilisée pour une extraction à froid permettant de doser les ions minéraux suivants: Na^+, K^+, Ca^{2+}, Mg^{2+}. Pour chaque échantillon, une quantité de poudre végétale d'environ 20 mg préalablement desséchée à l'étuve, a été mise dans un flacon (pilulier) contenant 30 ml d'acide nitrique

(HNO_3, 0.5 %). L'extraction a duré 4 jours. Les extraits obtenus ont été, ensuite, filtrés avec du papier filtre sans cendre, puis, utilisés pour le dosage des cations précédemment cités.

Figure 2.3. Vue générale du broyeur universel à billes utilisé pour le broyage des échantillons de matière végétale séchée.

3.2.2. Dosage des ions

Les ions Na^+ et K^+ ont été dosés en émission de flamme au moyen d'un spectrophotomètre de flamme en émission de type Corning. Le principe de la photométrie d'émission consiste à injecter l'élément minéral dissous dans la solution aqueuse dans une flemme air-propane. Il subit donc une excitation thermique et émet un spectre de raies caractéristiques qui sont sélectionnées par des monochromateurs (filtres) spécifiques. Derrière chaque filtre est installée une cellule photo-réceptrice qui détecte l'intensité de la lumière émise, celle-ci étant proportionnelle à la quantité de l'élément émetteur contenu dans la solution vaporisée. L'étalonnage de l'appareil a été effectué à l'aide d'une gamme étalon allant de 5 à 30 µg. ml^{-1} pour Na$^+$ et de 2 à 10 µg. ml^{-1} pour K$^+$.

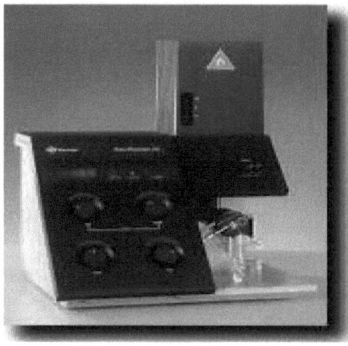

Figure 2.4. Vue générale du photomètre de flamme Corning utilisé pour le dosage du sodium et du potassium dans la matière sèche des plantes.

Les ions Ca^{2+} et Mg^{2+} ont été dosés par un spectrophotomètre à absorption atomique de type Varian 220 FS. Le principe de cette technique repose sur la propriété fondamentale qu'ont les atomes à l'état stable de pouvoir absorber les mêmes radiations que celles qu'ils émettent lorsqu'ils passent de l'état excité à l'état fondamental (loi de Bohr). L'absorption d'une radiation lumineuse de longueur d'onde λ par un atome n'est possible que si la différence d'énergie entre le niveau initial (Eb) et le niveau final (Eh), après absorption, correspond à un quantum (ou photon) d'énergie émise par cette radiation, soit:

$$\mathbf{Eh - Eb = h\dot{\upsilon} = hc / \lambda} \quad \text{où} \quad \mathbf{\lambda = hc / (Eh-Eb)}$$

avec :

λ: longueur d'onde caractéristique de l'élément

h: constante de Planck

c: célérité de la lumière dans le vide.

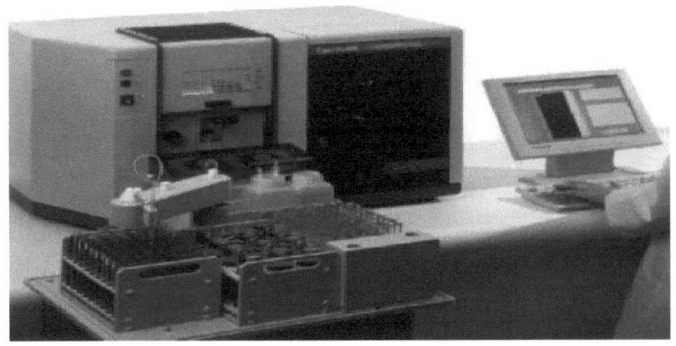

Figure 2.5. Vue générale du photomètre à absorption atomique (Varian 220 FS) utilisé pour le dosage du calcium et du magnésium dans la matière sèche des plantes.

4. Paramètres d'analyse des résultats
4.1. La Croissance Moyenne Relative (CMR)

La quantité de matière sèche produite durant la période de traitement (ΔMS) a été calculée selon la formule suivante :

$$\Delta MS = MSf - MSi$$

Avec,

MSf : masse de matière sèche (de la plante entière ou de l'organe) à la récolte finale. Elle est exprimée en mg.

MSi : masse de matière sèche (de la plante entière ou de l'organe) à la récolte initiale. Elle est exprimée en mg.

La Croissance Moyenne Relative (CMR) représente la production de matière sèche par unité de temps et par unité de biomasse, exprimé en jour^{-1} (ou mg. g^{-1}.j^{-1}) et calculé selon Hunt (1990):

$$CMR\ (j^{-1}) = \Delta MS\ /MS`\Delta t$$

avec:

$$MS' = \Delta MS / (\ln MSf - \ln MSi)$$

Δt : ($tf - ti$): durée de traitement (jours).

ln MSi: logarithme népérien de MS de la récolte initiale.

ln MSf: logarithme népérien de MS de la récolte finale.

MSi et **MSf**: récoltes initiale et finale, respectivement.

Ainsi,

$$CMR = (\ln MSf - \ln MSi) / (tf - ti)$$

4.2. Hydratation des tissus

L'hydratation des tissus dans les différents organes a été estimée par leur teneur en eau représentant leurs statuts hydriques et cette teneur en eau de tissu est calculée:

$$H_2O \text{ (ml. } g^{-1}MS) = (MF - MS)/MS$$

Avec,

MF: masse de la matière végétale fraiche (g).

MS: masse de la matière végétale sèche (g).

4.3. Efficacité d'absorption (EA)

L'efficacité d'absorption est le rapport de la quantité totale du nutriment absorbé par la plante entière (μmol) pendant la période de traitement par la masse moyenne de matière sèche de son système racinaire (g) obtenue au cours de la même période.

Elle est exprimée en μmol. g^{-1} et calculée selon la formule suivante :

$$EA = (Qf - Qi)/MSRmoy$$

Avec,
Qf : quantité (μmol) du nutriment à la récolte finale.
Qi : quantité (μmol) du nutriment à la récolte initiale.
MSRmoy : masse sèche moyenne des racines = (MSRf - MSRi)/(Ln MSRf– LnMSRi).
MSRf : masse de matière sèche des racines (g) à la récolte finale.
MSRi : masse de matière sèche des racines (g) à la récolte initiale.

4.4. Efficacité d'utilisation (EU)

L'efficacité d'utilisation représente la biomasse produite par unité de nutriment absorbé. Elle peut être estimée soit au niveau de la plante entière soit au niveau des organes. Elle est exprimée en g. μmol^{-1} et calculée selon la formule suivante:

$$EU = (MSf - MSi)/(Qf - Qi)$$

Avec,
MSf : masse de matière sèche (g) de la plante entière ou de l'organe à la récolte finale.
MSi : masse de matière sèche (g) de la plante entière ou de l'organe à la récolte initiale.
Qf : quantité de nutriment (μmol) mesurée à la récolte finale dans la plante entière ou
dans l'organe.
Qf : quantité de nutriment (μmol) mesurée à la récolte initiale dans la plante entière ou dans l'organe.

4.5. Vitesse d'absorption des nutriments (J)

vitesse d'absorption représente pour chaque nutriment, le flux à partir du milieu de culture vers la plante, rapporté à la masse moyenne de matière sèche racinaire et la durée du traitement. Elle est calculée selon la formule suivante (Pitman 1975).

$$J = \Delta Q/(MSmoy * \Delta T)$$

avec,

ΔQ : Quantité du nutriment prélevée au cours de la durée du traitement pour la plante entière.

$MSmoy = (MSf - MSi)/(Ln\ MSf - Ln\ MSi)$

MSf : masse de matière sèche racinaire à la récolte finale exprimée en g.

MSi : masse de matière sèche racinaire à la récolte initiale exprimée en g.

ΔT = tf −ti : durée du traitement en jours.

4.6. Sélectivités d'absorption K+/Na+, Ca2+/Na+ et Mg2+/Na+

Elles ont été estimées en calculant les rapports:

[cation /(cation+Na^+)$_{Plante}$] / [cation /(cation+Na^+)$_{Milieu}$].

4.7. Analyses statistiques

Les intervalles de sécurités sont calculés au seuil de 5% selon la formule suivante:

$$IS=(t*E)/\sqrt{n}$$

Avec, **t** = valeur de t de Student pour un degré de liberté égale à (n-1)

E = Ecart-type

n = nombre d'échantillons

Le nombre de répétitions est indiqué dans la légende de chaque graphe et les analyses statistiques sont effectuées à l'aide du logiciel SPSS. 10 Windows. L'analyse de la variance est faite par le test Duncan.

Chapitre 3

Variabilité de la réponse au sel chez *Polypogon monspeliensis* Desf.

I- Croissance, statut hydrique et photosynthèse

Résumé

Des grains des dix provenances de Polypogon monspeliensis Desf. ont été semés dans des pots de 3 kilos remplis de sable inerte. Après germination et prétraitement, les plantules obtenues ont été cultivées pendant 55 jours à différents degrés de salinité (0, 100, 200, 300 et 400 mM NaCl). A la fin de l'expérience, les échanges gazeux ont été mesurés sur des feuilles en pleine activité photosynthétique, puis les plantes ont été récoltées et séparées en racines et parties aériennes dont les masses de matières fraîche et sèche ont été déterminées. Les résultats obtenus ont montré une aptitude de l'espèce à survivre et à maintenir l'hydratation des tissus et les échanges gazeux à des niveaux qui lui permettent de se développer en conditions de salinité sévère. En outre, une variabilité intraspécifique a été décelée, notamment au niveau du comportement photosynthétique des plantes; La provenance Enfidha étant la plus tolérante et la provenance Meleh El Jem la moins tolérante.

1. Introduction

Afin d'explorer la variabilité de la réponse au sel chez *P. monspeliensis* Desf., nous nous sommes basées sur des critères physiologiques. Dans le présent chapitre, cette variabilité a été analysée selon l'aptitude des plantes à produire de la biomasse végétale et à maintenir leur statut hydrique et leur activité photosynthétique à différents niveau de salinité.

2. Méthodologie

Des grains matures des dix provenances ont été mis à germer sur sable. Les plantules obtenues ont été irriguées pendant 43 jours à une solution nutritive de base (Hewitt, 1966). Puis, les plantes ont été réparties en 5 lots soumis chacun à un traitement salin: 0, 100, 200, 300 et 400 mM NaCl. Le sel à été additionné progressivement (à raison de 50 mM par jour) pour éviter le choc osmotique. La culture a été conduite sous serre plastique à une température journalière de 20-25°C et une humidité relative de 60-65%. Au bout de 16 semaines de culture, les paramètres photosynthétiques ont été mesurés aux alentours de midi. La récolte finale a été faite après 120 jours de culture ; les plantes ont été séparées en parties aériennes et racines. Les différents échantillons ont été mis dans des sachets en papier aluminium et immédiatement pesés pour la détermination de la biomasse fraîche. Après un séjour de 72 heures à l'étuve (60°C), la biomasse sèche des différents échantillons a été, également, déterminée (Fig. 3.1).

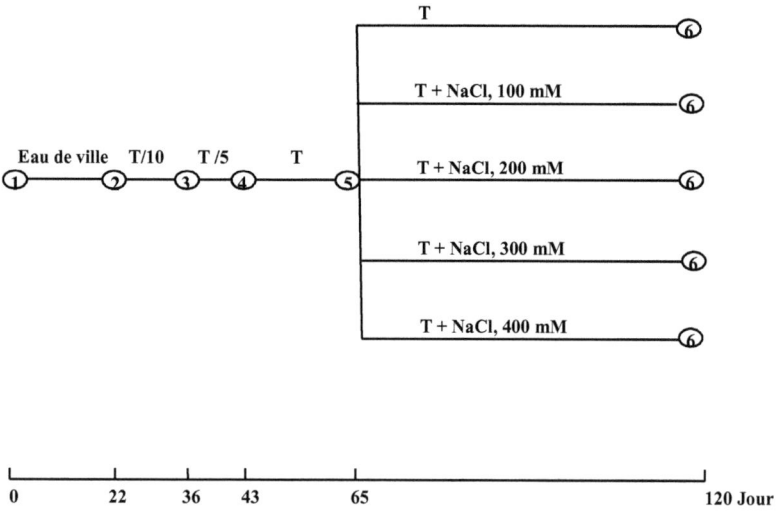

Figure 3.1. Protocole expérimental. **1.** Semis des grains sur sable inerte, irrigation à l'eau de ville et germination pendant une semaine. **2.** Début du prétraitement: irrigation à la solution nutritive de base (Hewitt, 1966) 10 fois diluée (T/10). **3.** Irrigation à la solution nutritive de base 5 fois diluée (T/5). **4.** Irrigation à la solution nutritive de base sans dilution (T). **5.** Récolte de départ et début des traitements. **6.** Récolte finale.

3. Résultats

3.1. Aspect morphologique des plantes

Afin d'identifier d'éventuelles différences morphologiques entre les dix provenances, nous nous sommes basés sur le traitement témoin (0 mM NaCl). Nous avons constaté que la provenance Meleh El Jem a montré le nombre de talles le plus important et a produit de multiples tiges à partir des plantules initiales, assurant ainsi la formation de touffes denses (Fig. 3.2). Néanmoins, ses feuilles se sont avérées très étroites par rapport aux autres provenances. De même, la provenance Haouaria a montré un tallage important mais des feuilles plus larges. Les provenances Soliman, Medjez El Beb et Tabarka ont été caractérisées par les parties aériennes les plus épanouies avec des talles dressés. Les autres provenances ont montré pratiquement le même aspect. En conditions de salinité, nous avons enregistré une réduction de la biomasse des organes aériens qui s'accentue avec la concentration en NaCl dans le milieu chez toutes les provenances. Cependant, aucun symptôme de toxicité n'a été décelé même à 400 mM NaCl.

Figure 3.2. Aspect morphologique chez des plantes de dix provenances de *P. monspeliensis* Desf. cultivées pendant 55 jours en présence de 0, 100, 200, 300 et 400 mM NaCl.
A. Provenances : Kelbia, Monastir, Gabès, Kébili et Soliman.

Figure 3.2. Aspect morphologique chez des plantes de dix provenances de *P. monspeliensis* Desf. cultivées pendant 55 jours en présence de 0, 100, 200, 300 et 400 mM NaCl..
B. Provenances : Haouaria, Medjez el beb, Enfidha, Tabarka et Meleh el jem.

3.2. Croissance

3.2.1. Croissance en longueur

En absence de sel, la longueur des parties aériennes variait de 37.7 cm chez Soliman à 46.2 cm chez Gabès (Fig. 3.3). A 100 mM NaCl, seules les provenances Enfidha, Tabarka, Kébili et Kelbia ont maintenu la longueur de leurs organes aériens proche de celle du témoin, les autres ont montré une diminution significative de ce paramètre. Les réductions les plus marquées ont été enregistrées chez Gabès et Meleh El Jem. A partir 200 mM NaCl, toutes les provenances ont vu la longueur de leurs parties aériennes diminuer significativement, notamment Soliman où ce paramètre a été réduit à 73% du témoin. Cependant, toutes les provenances ont pu survivre à 400 mM NaCl avec des réductions de la longueur des parties aériennes ne dépassant pas 38%.

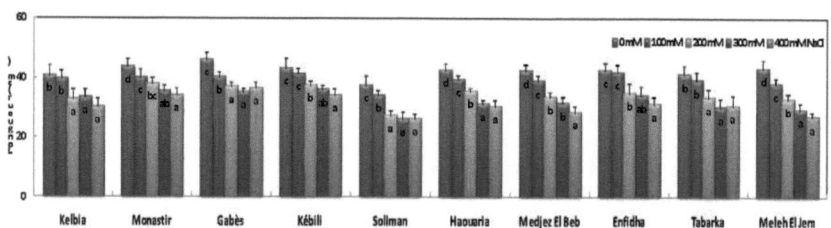

Figure 3.3. Longueur des parties aériennes chez des plantes de dix provenances de *P. monspeliensis* Desf. cultivées pendant 55 jours en présence de 0, 100, 200, 300 et 400 mM NaCl. Moyennes de 10 répétitions ± intervalle de sécurité. Les bâtonnets avec des lettres différentes sont significativement différents selon le test de Duncan à 5%.

Quant à la longueur des racines, toutes les provenances ont montré des valeurs de l'ordre de 40 cm en absence de sel (Fig. 3.4). Chez les provenances Kelbia, Monastir, Gabès, Kébili et Enfidha, ces valeurs ne semblent pas être affectées par la contrainte saline, alors qu'une faible réduction a été observée chez les autres provenances aux fortes concentrations de sel (300 et 400 mM NaCl). Par ailleurs, indépendamment de la provenance, le sel a affecté les parties aériennes plus que les racines.

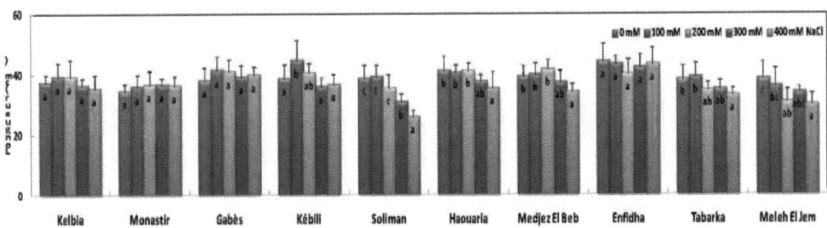

Figure 3.4. Longueur des racines chez des plantes de dix provenances de *P. monspeliensis* Desf. cultivées pendant 55 jours en présence de 0, 100, 200, 300 et 400 mM NaCl. Moyennes de 10 répétitions ± intervalle de sécurité. Les bâtonnets avec des lettres différentes sont significativement différents selon le test de Duncan à 5%.

3.2.2. Croissance pondérale

Les variations de la masse de matière sèche (MS) des parties aériennes en fonction de la salinité du milieu sont représentées dans la figure 3.5. Chez les plantes témoins, nous avons obtenu des masses de matière sèche comprises entre 7.8 et 9.5 g. plante^{-1}. Contrairement à la croissance en longueur, la croissance pondérale des organes photosynthétiques a révélé une chute très marquée à partir de 100 mM NaCl et qui s'accentue davantage avec la sévérité du stress.

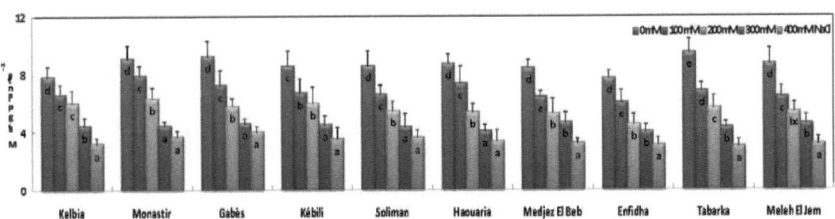

Figure 3.5. Masse de matière sèche des parties aériennes chez des plantes de dix provenances de *P. monspeliensis* Desf. cultivées pendant 55 jours en présence de 0, 100, 200, 300 et 400 mM NaCl. Moyennes de 10 répétitions ± intervalle de sécurité. Les bâtonnets avec des lettres différentes sont significativement différents selon le test de Duncan à 5%.

En conditions de salinité modérée (100 mM NaCl), certaines provenances (Kelbia, Monastir et Haouaria) se sont avérées légèrement plus tolérantes que d'autres (Gabès, Kébili, Soliman, Medjez El Beb, Enfidha, Tabarka et Meleh El Jem). A la plus forte salinité, les dix provenances ont maintenu 31-43% de leur potentialité maximale de la croissance des organes aériens, la masse de matière sèche la plus élevée (4 g. plante^{-1}) étant enregistrée chez Gabès bien qu'elle ne représente que 43% du témoin.

Les masses de matière sèche des racines variaient de 2.9 (Monastir) à 4.3 g. plante^{-1} (Tabarka) en absence de sel (Fig. 3.6). Sous contrainte saline, ces biomasses ont accusé une réduction très marquée. Néanmoins, les racines de Kelbia, Monastir, Kébili, Soliman et Haouaria se sont avérées plus tolérantes à la salinité modérée que les autres provenances. En effet, elles ont maintenu une biomasse sèche de l'ordre de 60-65% du témoin.

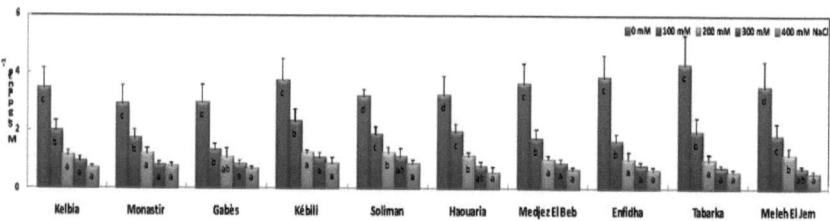

Figure 3.6. Masse de matière sèche des racines chez des plantes de dix provenances de *P. monspeliensis* Desf. cultivées pendant 55 jours en présence de 0, 100, 200, 300 et 400 mM NaCl. Moyennes de 10 répétitions ± intervalle de sécurité. Les bâtonnets avec des lettres différentes sont significativement différents selon le test de Duncan à 5%.

La figure 3.7 représente les variations de la matière sèche de la plante entière, mesurée à la récolte finale, en fonction de la salinité de la solution d'irrigation. En termes de production de matière sèche et en absence de sel, la provenance Tabarka semble la plus productive puisqu'elle produit 13.8 g. plante^{-1}, par contre Kelbia s'est avérée la moins productive avec 11.3 g. plante^{-1}. Toutefois, les différences entre les dix provenances ne sont pas assez remarquables. A faible salinité, seule la provenance Monastir a maintenu 80% de sa potentialité maximale de produire de la matière végétale, suivie de Haouaria (78%) et Kelbia (77%). A forte salinité ce sont plutôt les variétés Gabès (38%) et Monastir (37%) qui ont montré les plus faibles réductions de production de biomasse. Au contraire, les chutes de croissance les plus marquées ont été observées chez Tabarka pour tous les traitements salins.

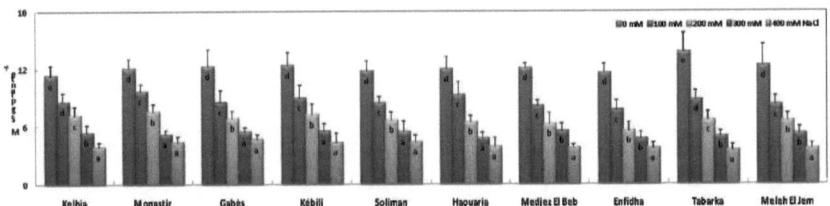

Figure 3.7. Masse de matière sèche de la plante entière chez des plantes de dix provenances de *P. monspeliensis* Desf. cultivées pendant 55 jours en présence de 0, 100, 200, 300 et 400 mM NaCl. Moyennes de 10 répétitions ± intervalle de sécurité. Les bâtonnets avec des lettres différentes sont significativement différents selon le test de Duncan à 5%.

3.3. Statut hydrique

3.3.1. Cas des organes aériens

En absence de sel, les parties aériennes de la provenance Kébili semblent les plus hydratées (4.0 ml H_2O. g^{-1} MS) et celles de Monastir les moins hydratées (2.7 ml H_2O. g^{-1} MS) (Fig. 3.8). Le sel a considérablement amélioré l'hydratation des tissus au niveau des parties aériennes des différentes provenances malgré la diminution de leur croissance. L'optimum de la teneur en eau a été obtenu à 200 mM NaCl dans la plupart des cas. En outre, la plus forte salinité utilisée (400 mM NaCl) n'a pas induit une réduction significative de ce paramètre même chez les provenances où le statut hydrique s'est avéré relativement plus sensible telles que Medjez El Beb et Enfidha.

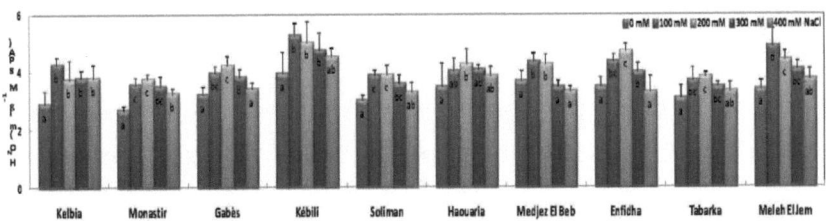

Figure 3.8. Teneur en eau des parties aériennes chez des plantes de dix provenances de *P. monspeliensis* Desf. cultivées pendant 55 jours en présence de 0, 100, 200, 300 et 400 mM NaCl. Moyennes de 10 répétitions ± intervalle de sécurité. Les bâtonnets avec des lettres différentes sont significativement différents selon le test de Duncan à 5%.

3.3.2. Cas des racines

Les racines, organes en contact direct avec le sel, ont accusé une augmentation très marquée de la teneur en eau, atteignant 3 fois celle du témoin chez Meleh El Jem à 300 mM NaCl (Fig. 3.9). Mais, des différences nettes entre les différentes provenances ont été révélées. En effet, l'analyse du statut hydrique des racines a permis de discriminer trois groupes: (1) les provenances dont la teneur en eau peut dépasser le double en conditions de salinité (Meleh El Jem, Kelbia, Medjez El Beb et Tabarka), (2) celles dont ce paramètre est compris entre 1.5 et 2 fois le témoin (Gabès, Kébili et Enfidha) et (3) celles ayant des valeurs légèrement plus élevées que le témoin (Monastir, Soliman et Haouaria).

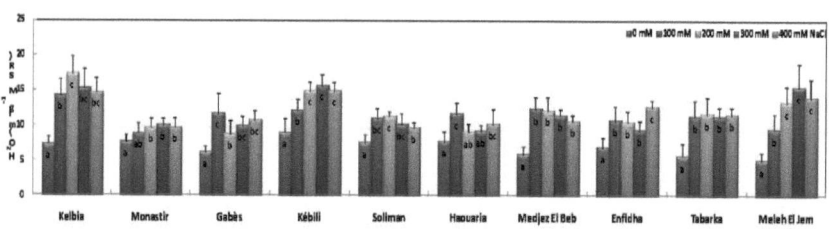

Figure 3.9. Teneur en eau des racines chez des plantes de dix provenances de *P. monspeliensis* Desf. cultivées pendant 55 jours en présence de 0, 100, 200, 300 et 400 mM NaCl. Moyennes de 10 répétitions ± intervalle de sécurité. Les bâtonnets avec des lettres différentes sont significativement différents selon le test de Duncan à 5%.

3.4. Photosynthèse

3.4.1. Assimilation nette de CO_2 (A)

Les dix provenances ont montré une variabilité dans l'activité photosynthétique en absence de sel, avec les valeurs les plus élevées chez Soliman (11.6 µmol CO_2. m^{-2}. s^{-1}) et Haouaria (11.4 µmol CO_2. m^{-2}. s^{-1}) et les plus faibles chez Kelbia (7.6 µmol CO_2. m^{-2}. s^{-1}) et Monastir (7.0 µmol CO_2. m^{-2}. s^{-1}) (Fig. 3.10). A 100 mM NaCl, Enfidha s'est avérée la provenance la plus apte à maintenir l'assimilation nette de CO_2 à un niveau proche de celui du témoin (88%), suivie de Kébili (76%) et Tabarka (73%). Au contraire, Soliman et Haouaria ont accusé des chutes de 51 et 43% de leur activité photosynthétique, respectivement. Cependant, indépendamment de la provenance, l'effet du sel s'est accentué avec sa concentration. A 400 Mm NaCl, seule Kébili a maintenu 41% de l'assimilation nette de CO_2, suivie de Medjez El Beb (34%).

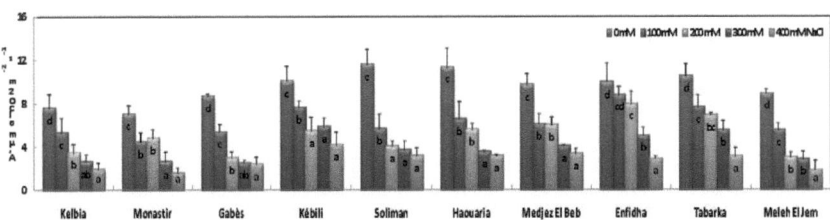

Figure 3.10. Assimilation nette de CO_2 (A) chez des plantes de dix provenances de *P. monspeliensis* Desf. cultivées pendant 55 jours en présence de 0, 100, 200, 300 et 400 mM NaCl. Moyennes de 10 répétitions ± intervalle de sécurité. Les bâtonnets avec des lettres différentes sont significativement différents selon le test de Duncan à 5%.

3.4.2. Conductance stomatique (*gs*)

Selon la conductance stomatique chez les plantes témoins, les provenances se répartissent en trois groupes distincts: (1) Enfidha ayant une valeur de *gs* qui dépasse 0.10 mol H_2O. m^{-2}. s^{-1}, (2) Kébili, Soliman, Haouaria, Tabarka et Meleh El Jem ayant des valeurs comprises entre 0.08 et 0.10 mol H_2O. m^{-2}. s^{-1} et (3) Kelbia et Monastir ayant des valeurs inférieures à 0.08 mol H_2O. m^{-2}. s^{-1} (Fig. 3.11). Et tout comme l'assimilation nette de CO_2, la conductance des stomates a diminué avec la sévérité du stress chez toutes les provenances. A faible salinité (100 mM NaCl), ce paramètre n'a pas été significativement réduit chez Enfidha, alors qu'il a été diminué de 56% chez Soliman et Meleh El Jem, les autres provenances ayant des comportements intermédiaires. En augmentant la concentration du sel dans le milieu, les plantes ferment davantage leurs stomates. Ainsi, à 400 mM NaCl, les valeurs de gs enregistrées sont de 11 à 33% du témoin avec les plus élevées chez Kébili et Tabarka (de l'ordre de 0.03 mol H_2O. m^{-2}. s^{-1}).

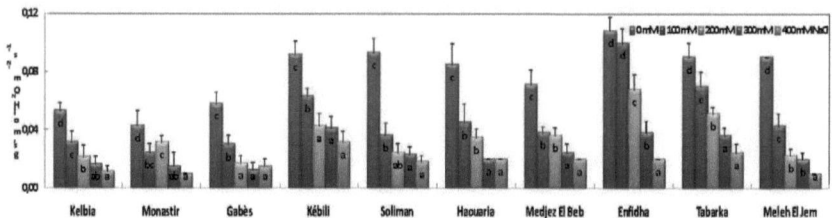

Figure 3.11. Conductance stomatique (*gs*) chez des plantes de dix provenances de *P. monspeliensis* Desf. cultivées pendant 55 jours en présence de 0, 100, 200, 300 et 400 mM NaCl. Moyennes de 10 répétitions ± intervalle de sécurité. Les bâtonnets avec des lettres différentes sont significativement différents selon le test de Duncan à 5%.

3.4.3. Transpiration (*E*)

Les plantes témoins des dix provenances ont montré une variabilité remarquable de la transpiration, la valeur la plus élevée étant enregistrée chez Haouaria (2.54 mmol H_2O. m^{-2}. s^{-1}) et la plus faible chez Enfidha (1.16 mmol H_2O. m^{-2}. s^{-1}) (Fig. 3.12).

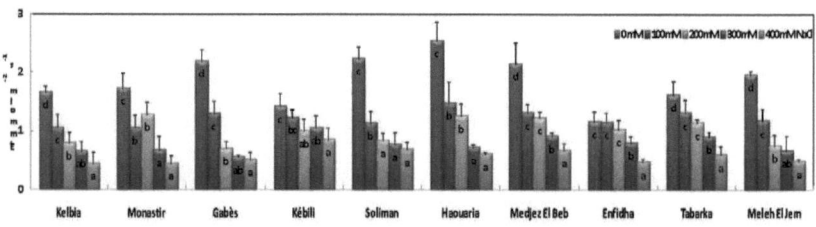

Figure 3.12. Transpiration (*E*) chez des plantes de dix provenances de *P. monspeliensis* Desf. cultivées pendant 55 jours en présence de 0, 100, 200, 300 et 400 mM NaCl. Moyennes de 10 répétitions ± intervalle de sécurité. Les bâtonnets avec des lettres différentes sont significativement différents selon le test de Duncan à 5%.

Les réponses au sel de ce paramètre sont, également, le siège d'une variabilité nette entre les provenances. En effet, Enfidha a maintenu sa transpiration quasi-constante jusqu'à 200 mM NaCl, Kébili a montré une légère réduction par rapport au témoin jusqu'à 400 mM NaCl, alors que le reste des provenances ont vu leur transpiration diminuer considérablement avec la salinité.

4. Discussion

Chez toutes les dix provenances de *P. monspeliensis* Desf., la croissance a diminué régulièrement avec la salinité du milieu. Néanmoins, aucun signe de nécrose ou de toxicité n'a été observé. Nos résultats sont en accord avec ceux de Kuhn et Zelder (1997) qui ont constaté que *P. monspeliensis* Desf. a montré une diminution de la croissance en conditions de salinité et s'est avérée incapable de faire face à 566 mM NaCl (34 g NaCl. l^{-1}). Des résultats similaires ont été obtenus par Barhoumi (2007) qui a constaté une diminution de la croissance avec la salinité chez trois poacées spontanées: *Aeluropus littoralis*, *Catapodium rigidum* (pouvant survivre à 800 mM NaCl) et *Brachypodium distachyum* (ne pouvant pas supporter une salinité qui dépasse 200 mM NaCl). De même, Hafsi et al. (2007) ont signalé une diminution de la production de biomasse chez *Hordeum maritimum* jusqu'à 300 mM NaCl. Pour mieux estimer l'effet dépressif de sel sur l'activité de croissance chez *P. monspeliensis* Desf., nous avons eu recours au calcul de la croissance moyenne relative (CMR) sur la base de la matière sèche de la plante entière. Ce paramètre n'a pas permis une discrimination nette des provenances bien que celles qui semblent les plus tolérantes à la contrainte, Soliman et Monastir, ont montré une capacité de maintenir 75% de leur activité de croissance à 400 mM NaCl alors que la provenance qui semble la moins tolérante, Tabarka, a accusé une réduction de la CMR 33% (Fig. 3.13).

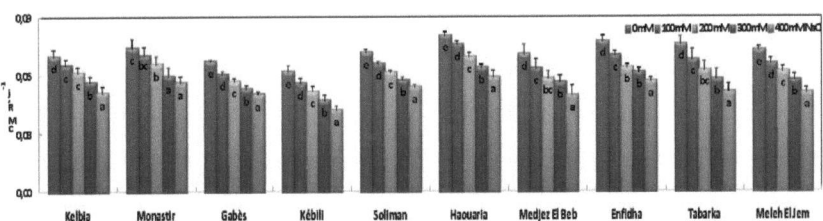

Figure 3.13. Croissance moyenne relative de la plante entière (CMR) chez des plantes de dix provenances de *P. monspeliensis* Desf. cultivées pendant 55 jours en présence de 0, 100, 200, 300 et 400 mM NaCl. Moyennes de 10 répétitions ± intervalle de sécurité. Les bâtonnets avec des lettres différentes sont significativement différents selon le test de Duncan à 5%.

Par ailleurs, les organes aériens ont été moins affectés par le sel que les racines chez toutes les provenances de *P. monspeliensis* Desf.. Ainsi, une chute très marquée du rapport Racines/Parties aériennes (R/A), calculé sur la base de la matière sèche, a été observé (Fig. 3.14). Barhoumi (2007) a obtenu des résultats différents: il a constaté que chez *Brachypodium distachyum* et *Catapodium rigidum*, les parties aériennes et les racines présentent la même sensibilité au sel, alors que chez *Aeluropus littoralis*, les racines sont moins sensibles que les organes aériens. Le comportement d'*Hordeum maritimum* est comparable à ceux de *Brachypodium distachyum* et *Catapodium rigidum* (Hafsi et al., 2007). Ceci suggère différentes stratégies d'allocation des photoassimilâts chez les différentes poacées citées.

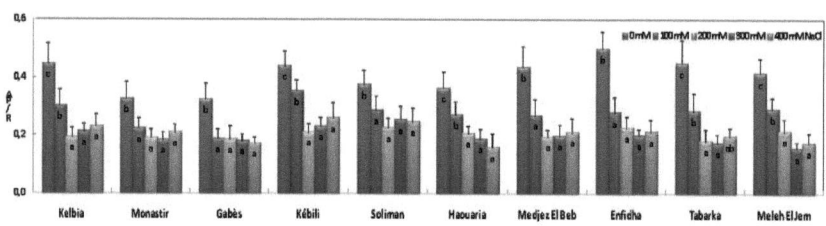

Figure 3.14. Rapports Racines/Parties aériennes (R/PA) chez des plantes de dix provenances de *P. monspeliensis* Desf. cultivées pendant 55 jours en présence de 0, 100, 200, 300 et 400 mM NaCl. Moyennes de 10 répétitions ± intervalle de sécurité. Les bâtonnets avec des lettres différentes sont significativement différents selon le test de Duncan à 5%.

Larcher (1995) a classé les plantes selon l'effet de la salinité sur leur croissance en halophytes obligatoires, halophytes facultatives, non-halophytes légèrement tolérantes (glycophytes tolérantes) et halophobes (glycophytes sensibles). Nos résultats indiquent que *P. monspeliensis* Desf. est une halophyte facultative puisque, selon la définition de Larcher, cette catégorie de plante pousse sur les sols légèrement salins mais avec une croissance qui diminue quand la salinité augmente. Ces halophytes qui n'expriment pas une exigence physiologique pour le sel ont une potentialité maximale de croissance en milieu non salin mais sont capables de tolérer une certaine gamme de salinité sans réduction considérable de la croissance. Leur existence dans les milieux salés s'explique surtout par leur faible pouvoir compétitif dans les zones non salées (Rozema, 1996). Ainsi, Barhoumi (2007) a classé les trois poacées qu'il a étudiées en deux groupes: deux halophytes facultatives (*Catapodium rigidum* et *Aeluropus littoralis*) et une glycophyte tolérante (*Brachypodium distachyum*).

L'effet de sel sur la croissance de *P. monspeliensis* Desf. n'est pas de type osmotique. Au contraire, toutes les provenances ont amélioré significativement leur statut hydrique en présence de sel aussi bien au niveau des racines qu'au niveau des organes photosynthétiques. Les résultats concernant les parties aériennes ne sont pas en accord avec ceux de Barhoumi (2007) et Hafsi et al. (2007). En effet, ces auteurs ont observé une réduction de la teneur en eau de ces organes avec la salinité. Le comportement de *P. monspeliensis* Desf. est le plus souvent rencontré chez les halophytes dicotylédones telles que *Sesuvium portulacastrum* (Messedi et al., 2003), *Cakile maritima* (Debez et al., 2006) et *Tecticornia indica* (Rabhi et al., 2010b). Ceci suggère une bonne séquestration de Na^+ (et éventuellement de Cl^-) dans les vacuoles et leur utilisation pour l'ajustement osmotique chez *P. monspeliensis* Desf.. Ainsi, les activités métaboliques seraient à l'abri des effets néfastes de sel.

Par ailleurs, dans la littérature, une association positive entre la photosynthèse et la production de biomasse a été signalée en conditions de salinité chez plusieurs espèces telles que *Gossypium barbadense* (Cornish et al., 1991), *Gossypium hirsutum* (Pettigrew et Meredith, 1994), *Asparagus officinalis* (Faville et al., 1999), *Panicum hemitomon*, *Spartina patens* et *Spartina alterniflora* (Hester et al., 2001) et six espèces du genre *Brassica* (Ashraf, 2001). Pour cela, nous avons étudié les réponses photosynthétiques des dix provenances de *P. monspeliensis* Desf. aux différentes concentrations en NaCl dans le milieu. Nous avons remarqué que la salinité affecte les échanges gazeux en réduisant la conductance stomatique. Par conséquent, la concentration intercellulaire de CO_2 a été significativement réduite chez toutes les provenances, exception faite pour les provenances Monastir et Gabès (Fig. 3.15). Mais, malgré cette baisse des échanges gazeux, l'efficacité d'utilisation de l'eau (*EUE*) n'a pas augmenté en conditions de salinité, témoignant de la sensibilité de la machinerie photosynthétique de l'espèce à NaCl (Fig. 3.16). En effet, l'augmentation de ce paramètre constitue une adaptation photosynthétique au sel (Debez et al., 2006; Koyro, 2006). Barhoumi et al. (2007) ont observé une chute très marquée des échanges gazeux à 400 mM NaCl sans amélioration de l'efficacité d'utilisation de l'eau chez l'halophyte en C_4, *Aeluropus littoralis*. Au contraire, chez *Sesuvium portulacastrum*, Rabhi et al. (2010a) n'ont décelé aucune modification de l'activité photosynthétique ou de l'efficacité d'utilisation de l'eau après 5 semaines de traitement avec 200 ou 400 mM NaCl. La réduction de la photosynthèse dans notre expérience pourrait être l'un des facteurs qui limitent la croissance de *P. monspeliensis* Desf. en présence de sel (Torrecillas et al., 2003). Par ailleurs, les réponses photosynthétiques de *P. monspeliensis* Desf. à la contrainte saline ont révélé une variabilité intraspécifique importante. En se basant sur les valeurs de Ci et *EUE*, nous pouvons dire que les provenances Enfidha et Kébili sont les plus aptes à moduler la conductance de leurs stomates pour maintenir une bonne hydratation des tissus foliaires tout en assurant une assimilation nette de CO_2 adéquate. Ainsi, même à 400 mM NaCl, et bien que le sel ait réduit significativement leur efficacité d'utilisation de l'eau, ces deux provenances ont maintenu les valeurs d'*EUE* les plus élevées.

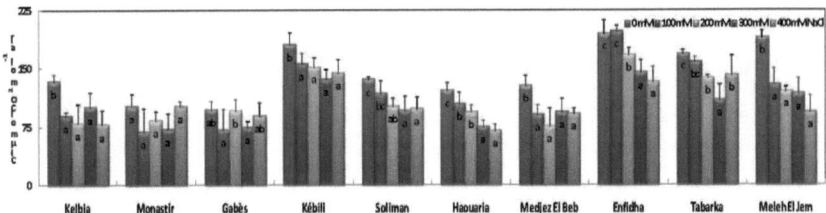

Figure 3.15. Concentration intercellulaire de CO_2 (Ci) chez des plantes de dix provenances de *P. monspeliensis* Desf. cultivées pendant 55 jours en présence de 0, 100, 200, 300 et 400 mM NaCl. Moyennes de 10 répétitions ± intervalle de sécurité. Les bâtonnets avec des lettres différentes sont significativement différents selon le test de Duncan à 5%.

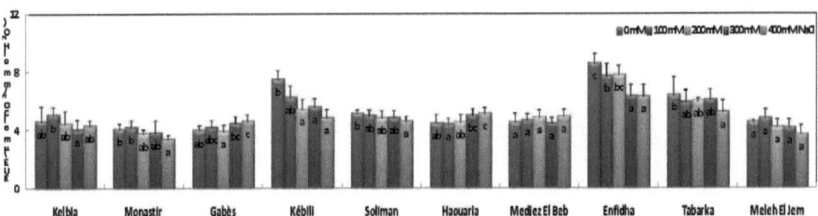

Figure 3.16. Efficacité d'utilisation de l'eau (EUE) chez des plantes de dix provenances de *P. monspeliensis* Desf. cultivées pendant 55 jours en présence de 0, 100, 200, 300 et 400 mM NaCl. Moyennes de 10 répétitions ± intervalle de sécurité. Les bâtonnets avec des lettres différentes sont significativement différents selon le test de Duncan à 5%.

5. Conclusion

L'étude de la réponse de *P. monspeliensis* Desf. à la contrainte saline nous a permis de conclure que cette poaceae est une halophyte facultative où l'optimum de croissance est obtenue en absence de sel. Elle exprime une tolérance modérée vis-à-vis de NaCl. En effet, toutes les provenances ont maintenu 67% ou plus de leur activité de croissance (CMR) à 400 mM NaCl. En outre, aucune déshydratation des plantes n'a été observée, au contraire, le statut hydrique de leurs tissus a été amélioré en présence de sel. Par conséquent, nous n'avons observé aucun symptôme de toxicité même en conditions de salinité sévère. Quant à la variabilité intraspécifique, les paramètres de croissance (croissance pondérale et en longueur) et d'analyse de la croissance (CMR) n'ont pas permis une discrimination nette des dix provenances étudiées. Toutefois, des différences ont été observées à l'échelle photosynthétique avec apparition de deux provenances contrastantes: Meleh El Jem (la moins tolérante) et Enfidha (la plus tolérante).

Chapitre 4

Variabilité de la réponse au sel chez *Polypogon monspeliensis* Desf.

II- Comportement nutritionnel

Résumé

Chez des plantes de P. monspeliensis Desf. cultivées pendant 55 jours à 0, 100, 200, 300 ou 400 mM NaCl, nous avons étudié l'accumulation du sodium ainsi que l'acquisition et l'utilisation des cations majeurs (K^+, Ca^{2+} et Mg^{2+}). Les résultats obtenus ont montré que l'effet de sel n'est pas de type osmotique, mais plutôt toxique/nutritionnel. Le statut potassique n'a pas été affecté chez toutes les provenances grâce à une très forte sélectivité d'absorption en faveur du potassium par rapport au sodium. Pour le calcium et le magnésium, nous avons remarqué que leurs statuts ont été affectés malgré l'augmentation des sélectivités d'absorption Ca^{2+}/Na^+ et Mg^{2+}/Na^+. En réponse à ces limitations nutritionnelles, les plantes ont augmenté les efficacités d'utilisation de ces deux nutriments. Toutefois, une variabilité intraspécifique a caractérisé le comportement nutritionnel de l'espèce: chez certaines provenances, il repose sur une forte sélectivité d'absorption des éléments majeurs et chez d'autres, il repose sur une bonne gestion des quantités absorbées.

1. Introduction

Dans le chapitre précédent, nous avons étudié la croissance et la photosynthèse de 10 provenances de *P. monspeliensis* Desf. dans le but d'explorer la variabilité de la réponse au sel chez cette poacée. Les résultats obtenus ont montré une variété de réponses de l'appareil photosynthétique à cette contrainte abiotique.

Dans le présent chapitre, nous nous sommes proposé d'étudier le comportement nutritionnel de chacune des 10 provenances.

2. Méthodologie

Après dessiccation, la matière sèche obtenue des deux récoltes initiales et finale de la culture décrite dans le chapitre précédent ont servi au dosage des ions minéraux: Na^+, K^+, Ca^{2+} et Mg^{2+}. Ainsi, nous avons déterminé les teneurs des racines et des parties aériennes en chaque macroélément. En outre, nous avons calculé des paramètres d'analyse de la nutrition minérale tels que les rapports cation majeur/Na^+, la sélectivité cation majeur/Na^+ et les efficacités d'absorption et d'utilisation de chaque cation majeur.

3. Résultats

3.1. Accumulation du Sodium

L'examen des teneurs en Na^+ des racines et des organes aériens révèle chez la quasi-totalité des provenances des seuils de charge tissulaire qui est le plus souvent atteint à partir de 100 mM NaCl. Cet examen permet, également, de distinguer trois catégories de provenances: (1) accumulatrices, (2) non accumulatrices et (3) à comportement intermédiaire (Fig. 4.1). Kelbia, Monastir et Gabès ont restreint les charges tissulaires de leurs organes en Na^+ qui sont de l'ordre de 1.0 mmol. g^{-1} MS. Au contraire, Kébili, Soliman, Enfidha, Tabarka et Meleh El Jem ont montré une capacité beaucoup plus importante à accumuler les ions sodium aussi bien au niveau de leurs racines (2.6-4.1 mmol. g^{-1} MS) qu'au niveau de leurs organes aériens (2.2-3.5 mmol. g^{-1} MS). Les provenances Haouaria et Medjez El Beb ont montré des comportements qui dépendent de l'organe et de la salinité. La première a montré des seuils de charges en sodium de 2.7 mmol. g^{-1} MS et 2.2 mmol. g^{-1} MS, respectivement au niveau des racines et des organes aériens. Ces derniers ont perdu leur capacité d'accumulation de ce cation au-delà de 200 mM NaCl. La seconde s'est avérée non accumulatrice au niveau de ses parties aériennes mais hyperaccumulatrice au niveau de ses racines dont la teneur en Na$^+$ a augmenté avec la salinité pour atteindre 5.8 mmol. g^{-1} MS à 400 mM NaCl.

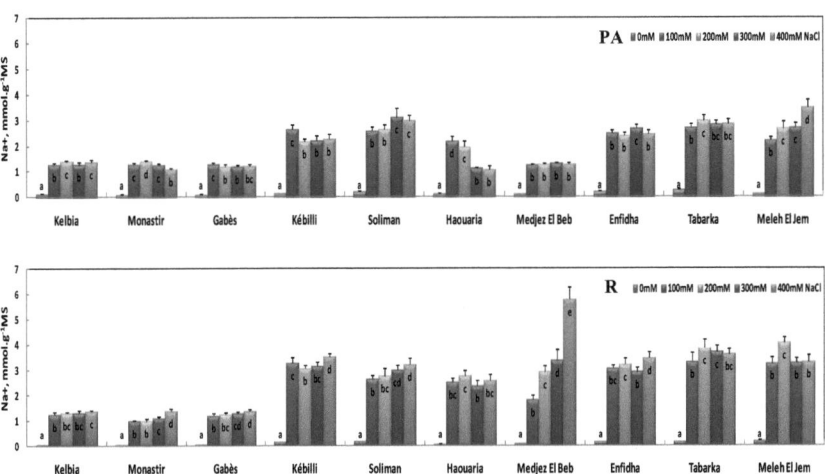

Figure 4.1. Teneurs en sodium des parties aériennes (PA) et des racines (R) chez des plantes de dix provenances de *P. monspeliensis* Desf. cultivées pendant 55 jours en présence de 0, 100, 200, 300 et 400 mM NaCl. Moyennes de 6 répétitions ± intervalle de sécurité. Les bâtonnets avec des lettres différentes sont significativement différents selon le test de Duncan à 5%.

Les valeurs maximales du flux de cet élément du milieu vers les racines (J_{MR}) ont été observées à 100 mM NaCl chez toutes les provenances (Tab. 4.1). Au-delà de cette concentration, elles ont accusé une réduction graduelle avec la salinité du milieu. La capacité la plus élevée à absorber les ions Na$^+$ à faible salinité a été enregistrée chez la provenance Kébili où le flux vers les racines s'est rapproché de 0.50 µmol. g^{-1} MS. jour^{-1} et la capacité la plus faible a été observée chez Gabès (J_{MR} = 0.11 µmol. g^{-1} MS. jour^{-1} à 100 mM NaCl). Il semble, ainsi, que le flux entrant de Na$^+$ est étroitement lié au degré de sensibilité des racines au stress; plus la masse des racines est réduite plus le flux est faible. Néanmoins, la différence très nette entre les valeurs de J_{MR} chez Tabarka (0.32 µmol. g^{-1} MS. jour^{-1}) et Kelbia (0.14 µmol. g^{-1} MS. jour^{-1}), ayant la même biomasse racinaire à 100 mM NaCl, laisse penser à l'implication d'une opposition à l'entrée des ions Na$^+$ chez Kelbia et met en évidence une variabilité intraspécifique de l'absorption du sodium. A 400 mM NaCl, les seules provenances qui ont maintenu leur J_{MR} à un niveau supérieur ou égal à 0.10 µmol. g^{-1} MS. jour^{-1} sont Kébili et Soliman.

Tableau 4.1. Flux de Na$^+$ (J_{MR} en µmol. g^{-1} MS. jour^{-1}) du milieu vers les racines chez des plantes de dix provenances de *P. monspeliensis* Desf. cultivées pendant 55 jours en présence de 0, 100, 200, 300 et 400 mM NaCl. Moyennes de 6 répétitions. Celles suivies des lettres différentes sont significativement différentes selon le test de Duncan à 5%.

NaCl	0 mM	100 mM	200 mM	300 mM	400 mM
Kelbia	0.02a	0.14c	0.09b	0.06ab	0.03a
Monastir	0.01a	0.13c	0.09b	0.04a	0.03a
Gabès	0.01a	0.11d	0.08c	0.05bc	0.04ab
Kébili	0.01a	0.45c	0.18b	0.13ab	0.11ab
Soliman	0.04a	0.27c	0.17b	0.16b	0.10ab
Haouaria	0.02a	0.23c	0.10b	0.04a	0.03a
Medjez El Beb	0.01a	0.14c	0.09b	0.08b	0.05ab
Enfidha	0.03a	0.21c	0.11b	0.08ab	0.05ab
Tabarka	0.03a	0.32c	0.17b	0.09ab	0.05a
Meleh El Jem	0.02a	0.23c	0.16bc	0.08ab	0.06a

3.2. Nutrition potassique

La répartition du potassium entre les deux parties des plantes témoins distingue la provenance Kébili, chez laquelle la teneur en potassium des organes aériens est 31 fois celle des racines, de toutes les autres provenances où les valeurs ne dépassent pas 9 (Fig. 4.2). Cette allocation préférentielle des ions K$^+$ aux organes aériens de *P. monspeliensis* Desf. a été perturbée en présence de NaCl, notamment aux fortes concentrations. En effet, chez les plantes traitées des dix provenances, les teneurs en K$^+$ des organes photosynthétiques ont été maintenues stables ou légèrement augmentées, exception faite à Kébili où une réduction significative a été observée à 400 mM NaCl. Au niveau des racines, et à l'exception des provenances Monastir et Gabès qui ont montré une chute marquée de la teneur en potassium aux fortes salinités, nous avons enregistré une amélioration considérable de la charge tissulaire en cet élément.

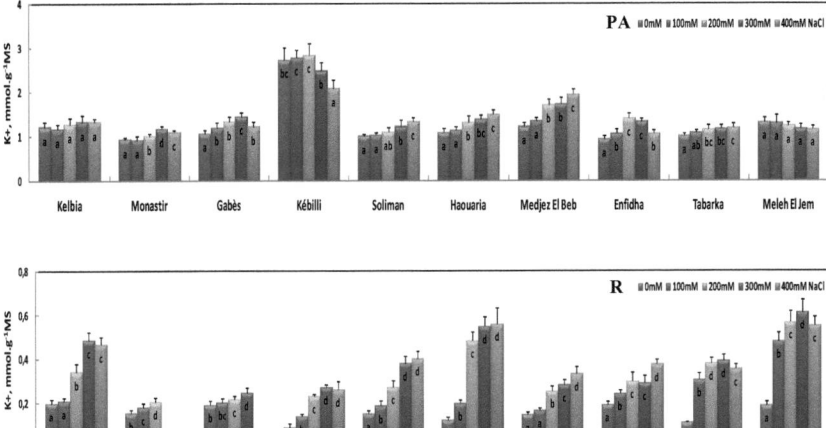

Figure 4.2. Teneur en potassium des parties aériennes (PA) et des racines (R) chez des plantes de dix provenances de *P. monspeliensis* Desf. cultivées pendant 55 jours en présence de 0, 100, 200, 300 et 400 mM NaCl. Moyennes de 6 répétitions ± intervalle de sécurité. Les bâtonnets avec des lettres différentes sont significativement différents selon le test de Duncan à 5%.

Au niveau des parties aériennes, le rapport K^+/Na^+ a été maintenu stable de 100 à 400 mM NaCl chez toutes les provenances (Tab. 4.2). Toutefois, ce rapport est plus élevé chez certaines provenances que chez d'autres. A forte salinité (400 mM NaCl), seules les provenances Soliman, Enfidha, Tabarka et Meleh El Jem ont montré des valeurs inférieures à 0.5.

Tableau 4.2. Rapport K^+/Na^+ au niveau des organes aériens chez des plantes de dix provenances de *P. monspeliensis* Desf. cultivées pendant 55 jours en présence de 0, 100, 200, 300 et 400 mM NaCl. Moyennes de 6 répétitions. Celles suivies des lettres différentes sont significativement différentes selon le test de Duncan à 5%.

(K^+/Na^+) PA	0 mM	100 mM	200 mM	300 mM	400 mM
Kelbia	10.60b	0.92a	0.91a	1.03a	0.96a
Monastir	9.81b	0.73a	0.72a	0.96a	1.02a
Gabès	11.22b	0.94a	1.13a	1.24a	1.01a
Kébili	20.55d	1.06ab	1.31c	1.12bc	0.92a
Soliman	4.68b	0.40a	0.41a	0.38a	0.45a
Haouaria	8.87b	0.52a	0.66a	1.24a	1.48a
Medjez El Beb	11.54b	1.07a	1.35ab	1.33ab	1.54ab
Enfidha	4.43b	0.43a	0.58a	0.49a	0.44a
Tabarka	3.63b	0.40a	0.39a	0.42a	0.42a
Meleh El Jem	11.55b	0.58a	0.46a	0.44a	0.34a

3.3. Nutrition calcique

En absence de sel, la répartition du calcium entre les parties aériennes et les racines s'est avérée très variable; chez certaines provenances, il est préférentiellement accumulé au niveau des racines où sa teneur a atteint 3.8 fois celle des parties aériennes (cas de Medjez El Beb) (Fig. 4.3). La présence de sel dans le milieu a réduit les teneurs en Ca^{2+} au niveau des parties aériennes des provenances Kelbia, Monastir, Soliman, Haouaria, Medjez El Beb, Tabarka et Meleh El Jem et au niveau des racines de Monastir, Haouaria, Medjez El Beb, Enfidha et Tabarka. Au contraire, chez la provenance Gabès, nous avons observé une augmentation de la teneur en calcium au niveau des racines et son maintien au niveau des organes aériens. Le rapport Ca^{2+}/Na^+ au niveau des parties aériennes est, également, maintenu stable chez toutes les provenances en conditions de salinité (Tab. 4.3). En outre, les mêmes provenances ayant les rapports K^+/Na^+ les plus faibles ont montré les rapports Ca^{2+}/Na^+ les plus faibles (Soliman, Enfidha, Tabarka et Meleh El Jem).

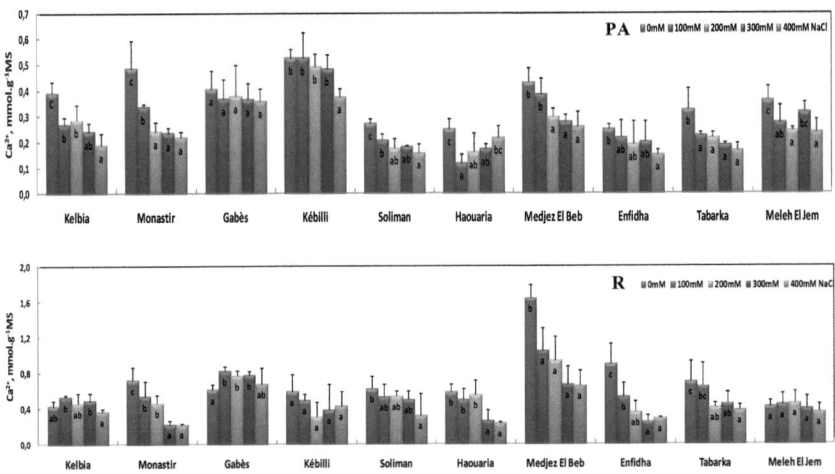

Figure 4.3. Teneurs en calcium des parties aériennes (PA) et des racines (R) chez des plantes de dix provenances de *P. monspeliensis* Desf. cultivées pendant 55 jours en présence de 0, 100, 200, 300 et 400 mM NaCl. Moyennes de 3 répétitions ± intervalle de sécurité. Les bâtonnets avec des lettres différentes sont significativement différents selon le test de Duncan à 5%.

Tableau 4.3. Rapport Ca^{2+}/Na^+ au niveau des organes aériens chez des plantes de dix provenances de *P. monspeliensis* Desf. cultivées pendant 55 jours en présence de 0, 100, 200, 300 et 400 mM NaCl. Moyennes de 3 répétitions. Celles suivies des lettres différentes sont significativement différentes selon le test de Duncan à 5%.

NaCl	0 mM	100 mM	200 mM	300 mM	400 mM
Kelbia	3.91b	0.24a	0.25a	0.22a	0.17a
Monastir	5.95b	0.31a	0.20a	0.21a	0.24a
Gabès	5.33b	0.36a	0.37a	0.34a	0.35a
Kébili	4.57b	0.24a	0.29a	0.25a	0.22a
Soliman	1.46b	0.09a	0.08a	0.08a	0.07a
Haouaria	2.26b	0.07a	0.09a	0.19a	0.27a
Medjez El Beb	4.45b	0.34a	0.31a	0.26a	0.24a
Enfidha	1.29b	0.11a	0.10a	0.09a	0.08a
Tabarka	1.36b	0.09a	0.09a	0.08a	0.08a
Meleh El Jem	4.22b	0.14a	0.11a	0.14a	0.08a

3.4. Nutrition magnésienne

Les teneurs en Mg^{2+} des plantes témoins ont été le siège de grande variabilité avec la provenance et l'organe (Fig. 4.4). Au niveau des organes photosynthétiques, la valeur la plus élevée a été enregistré chez la provenance Tabarka et la plus faible chez la provenance Enfidha. Au niveau des racines, les valeurs variaient de 0.25 mmol Mg^{2+}. g^{-1} MS chez la provenance Monastir à 0.47 mmol Mg^{2+}. g^{-1} MS chez Haouaria. En conditions de salinité, certaines provenances (Kébili, Soliman, Medjez El Beb et Enfidha) ont montré des charges en Mg^{2+} non significativement affectées au niveau de leurs organes aériens. Pour les autres provenances, une réduction significative a été décelée à partir de 100 mM NaCl. Quant aux teneurs racinaires en ce macroélément, elles n'ont été nettement diminuées que chez la provenance Haouaria au-delà de 100 mM NaCl.

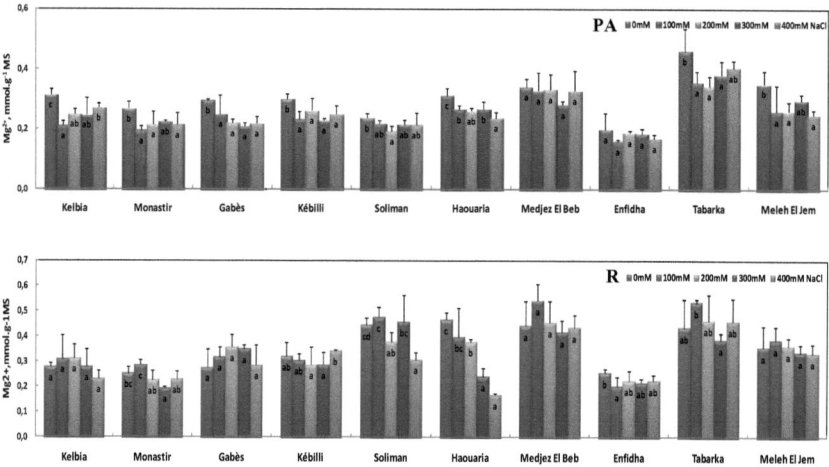

Figure 4.4. Teneur en magnésium des parties aériennes (PA) et des racines (R) chez des plantes de dix provenances de *P. monspeliensis* Desf. cultivées pendant 55 jours en présence de 0, 100, 200, 300 et 400 mM NaCl. Moyennes de 3 répétitions ± intervalle de sécurité. Les bâtonnets avec des lettres différentes sont significativement différents selon le test de Duncan à 5%.

En présence de sel (de 100 à 400 mM NaCl), le rapport Mg^{2+}/Na^+ au niveau des organes photosynthétiques a été maintenu invariables (Tab. 4.4). En outre, on retrouve presque les mêmes provenances (Soliman, Enfidha et Meleh El Jem) ayant les rapports cation/Na^+ les plus faibles à 400 mM NaCl.

Tableau 4.4. Rapport Mg^{2+}/Na^+ au niveau des organes aériens chez des plantes de dix provenances de *P. monspeliensis* Desf. cultivées pendant 55 jours en présence de 0, 100, 200, 300 et 400 mM NaCl. Moyennes de 3 répétitions. Celles suivies des lettres différentes sont significativement différentes selon le test de Duncan à 5%.

(Mg^{2+}/Na^+) PA	0 mM	100 mM	200 mM	300 mM	400 mM
Kelbia	3.11b	0.19a	0.21a	0.22a	0.24a
Monastir	3.26b	0.18a	0.18a	0.20a	0.23a
Gabès	3.86b	0.24a	0.21a	0.19a	0.21a
Kébili	2.61b	0.11a	0.15a	0.12a	0.15a
Soliman	1.27b	0.09a	0.09a	0.09a	0.09a
Haouaria	2.82b	0.15a	0.15a	0.29a	0.29a
Medjez El Beb	3.53b	0.29a	0.35a	0.26a	0.30a
Enfidha	1.02b	0.08a	0.10a	0.08a	0.09a
Tabarka	1.93b	0.15a	0.14a	0.15a	0.18a
Meleh El Jem	4.11b	0.13a	0.11a	0.13a	0.09a

4. Discussion

Les résultats du chapitre précédent ont montré une réduction de la croissance de *P. monspeliensis* Desf. avec la salinité. Ce comportement peut être expliqué par une perturbation de la nutrition hydrique, une toxicité ionique, une déficience nutritionnelle, ou la résultante de tous ces facteurs (Ashraf, 1994; Khan, 2000). Nous essayerons dans ce qui suit de préciser la nature des effets de NaCl sur la croissance de cette espèce.

> ### *Effet osmotique de sel*

Un effet de type osmotique est à l'origine d'une restriction de l'alimentation hydrique des plantes lorsque le potentiel hydrique du milieu diminue. Pour vérifier si le sel exerce un effet osmotique sur les différentes provenances de *P. monspeliensis* Desf., nous avons mis en relation les teneurs en eau de leurs organes photosynthétiques et leurs teneurs en Na^+. La figure 4.5 montre une faible corrélation positive entre ces deux paramètres chez les dix provenances. Ceci témoigne d'une bonne séquestration de ce cation dans les vacuoles afin d'être utilisé pour l'ajustement osmotique permettant de protéger les cellules de la déshydratation (Munns et Tester, 2008). La provenance Monastir a montré le coefficient de corrélation le plus élevé, alors que la provenance Medjez El Beb a montré la corrélation la plus faible.

> *Effet toxique de sel*

Un effet de type toxique peut avoir lieu lorsque les ions Na^+ et/ou Cl^- sont accumulés dans le cytoplasme et/ou dans l'apoplasme, conduisant à des perturbations métaboliques et/ou une déshydratation cellulaire. Pour vérifier si l'accumulation de Na^+ dans les tissus est associée à un effet toxique, nous avons mis en relation la CMR des parties aériennes et leurs teneurs en Na^+ (Fig. 4.6). L'analyse de la figure 4.6 révèle, chez toutes les provenances, à l'exception de la provenance Haouaria, une corrélation négative entre les deux paramètres. On note, ainsi, un effet toxique de Na^+ qui résulterait d'une défaillance des systèmes de compartimentation. Il s'exerce principalement sur le métabolisme cellulaire particulièrement en raison d'une substitution de K^+ par Na+ au niveau des sites actifs de plusieurs enzymes (Yeo, 1998). Cet effet a été le siège d'une variabilité intraspécifique importante. La toxicité la plus élevée du sodium a été observée chez Meleh El Jem (R^2–0.76) et la plus faible chez Haouaria (R^2=0.00).

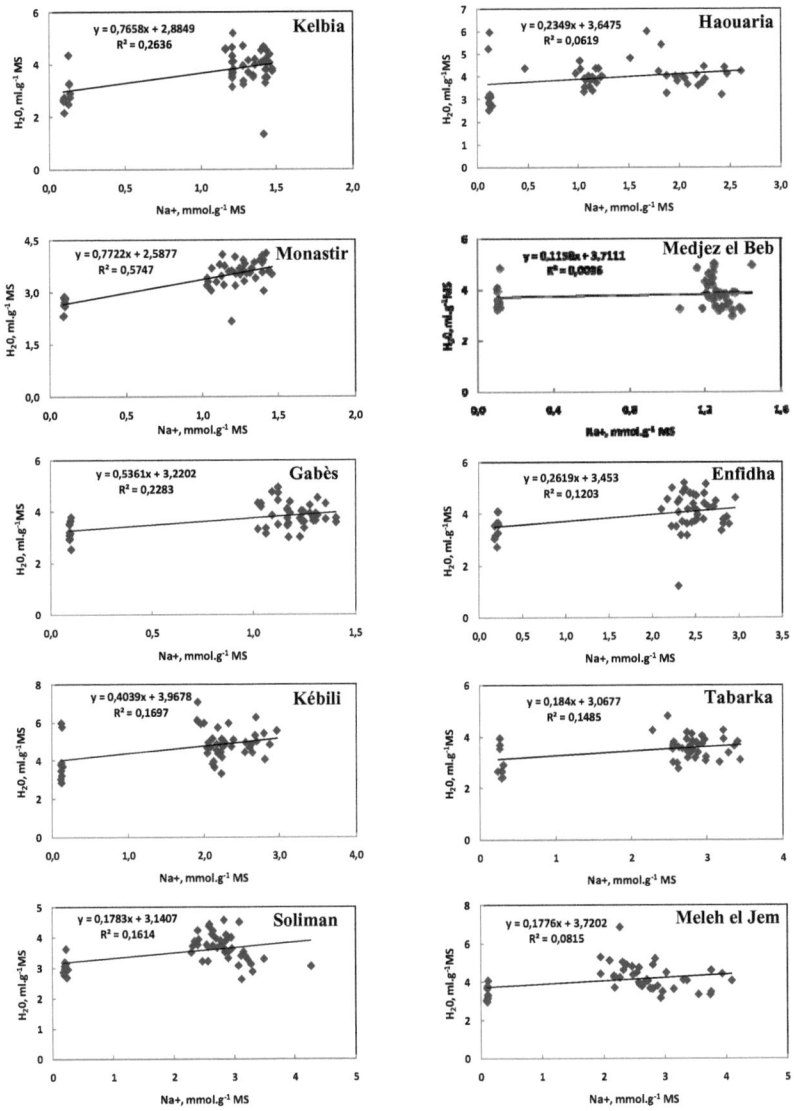

Figure 4.5. Relation entre les teneurs en eau et en sodium des parties aériennes chez des plantes de dix provenances de P. monspeliensis Desf. cultivées pendant 55 jours en présence de 0, 100, 200, 300 et 400 mM NaCl.

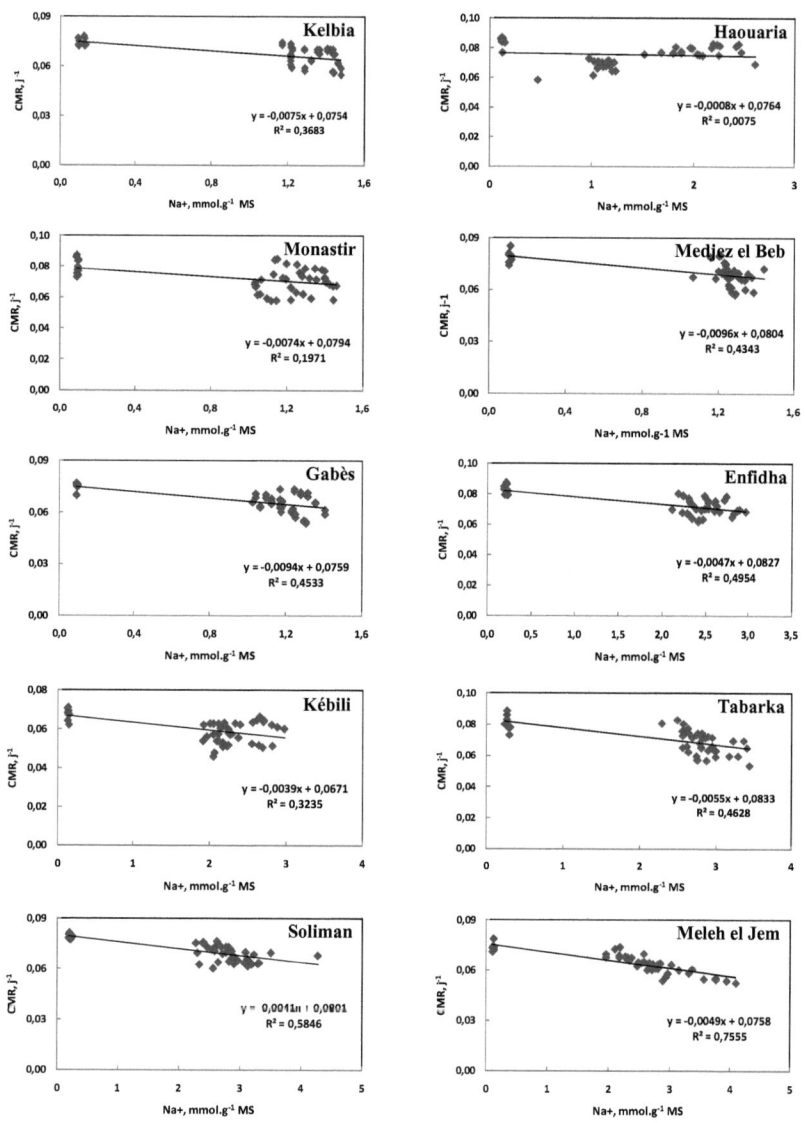

Figure 4.6. Relation entre la CMR des parties aériennes et leurs teneurs en sodium chez des plantes de dix provenances de *P. monspeliensis* Desf. cultivées pendant 55 jours en présence de 0, 100, 200, 300 et 400 mM NaCl.

> *Effet nutritionnel de sel*

Un effet de type nutritionnel se traduit par une baisse de l'approvisionnement des plantes en éléments minéraux indispensables. Les résultats de l'analyse minérale des racines et des organes aériens ont montré que le sel réduit les teneurs en Ca^{2+} et/ou en Mg^{2+} chez la plupart des provenances. Nous essayerons dans ce qui suit d'identifier et d'analyser d'autres paramètres impliqués dans la nutrition minérale de *P. monspeliensis* Desf.: la sélectivité d'absorption et les efficacités d'absorption et d'utilisation des éléments essentiels étudiés. Pour le potassium, les principaux résultats qu'on peut ressortir des tableaux 4.5, 4.6 et 4.7 sont les suivants:

(i) Toutes les provenances ont montré des sélectivités d'absorption K^+/Na^+ qui augmentent considérablement avec la salinité du milieu (Tab. 4.5). Les provenances ayant les sélectivités les plus faibles (Soliman, Enfidha, Tabarka et Meleh El Jem) sont celles qui ont montré les rapports K^+/Na^+ les plus bas au niveau de leurs organes aériens. Au contraire, la provenance Haouaria s'est avérée la plus sélective en faveur de K^+ par rapport à Na^+ (sélectivité = 41.0). Le mouvement du potassium à travers la membrane racinaire est catalysé par des canaux et des transporteurs (Schachtman et Schroeder, 1994). Deux systèmes sont impliqués dans l'absorption de K^+: l'un à faible affinité et l'autre à haute affinité pour K^+. Ce dernier permet son absorption lorsqu'il est présent à faible concentration. Il assure une alimentation potassique de base, même en présence d'une forte salinité puisqu'il n'est pas inhibé par Na^+ (Hafsi et al., 2007).

(ii) Cette sélectivité K^+/Na^+ qui augmente avec la salinité pourrait expliquer pourquoi le statut potassique des plantes soumises à la contrainte saline n'a pas été affecté et qu'au contraire, il a été amélioré. En effet, l'efficacité d'absorption de ce cation a été significativement améliorée chez toutes les provenances, Hoauaria (25.5 µmol K^+. g^{-1} MS) étant la plus efficace suivie de Medjez El Beb (19.2 µmol K^+. g^{-1} MS) (Tab. 4.6). A cet effet s'ajoute la réduction de la croissance qui à son tour pourrait être à l'origine de l'augmentation des teneurs en K^+.

Tableau 4.5. Sélectivité d'absorption K^+/Na^+ chez des plantes de dix provenances de *P. monspeliensis* Desf. cultivées pendant 55 jours en présence de 0, 100, 200, 300 et 400 mM NaCl. Moyennes de 6 répétitions. Celles suivies des lettres différentes sont significativement différentes selon le test de Duncan à 5%.

NaCl	0 mM	100 mM	200 mM	300 mM	400 mM
Kelbia	0.90a	8.68c	17.64ab	27.87ab	35.69b
Monastir	0.90a	7.94c	15.62a	26.57a	34.80b
Gabès	0.91a	9.15d	19.46a	30.25bc	35.67c
Kébili	0.93a	8.69c	19.95ab	27.21b	31.50b
Soliman	0.79 a	4.96c	10.27bc	14.69a	21.49ab
Haouaria	0.89a	5.98c	14.00a	28.67b	40.96c
Medjez El Beb	0.91a	8.98d	19.30a	27.97b	35.22c
Enfidha	0.78a	5.12d	12.56b	17.46c	20.74c
Tabarka	0.75a	4.94b	9.92b	15.53a	20.39a
Meleh El Jem	0.88a	6.30d	10.92ab	16.64bc	18.58c

Tableau 4.6. Efficacité d'absorption de K^+ (EAK en µmol K^+. g^{-1} MS) chez des plantes de dix provenances de *P. monspeliensis* Desf. cultivées pendant 55 jours en présence de 0. 100. 200. 300 et 400 mM NaCl. Moyennes de 6 répétitions. Celles suivies des lettres différentes sont significativement différentes selon le test de Duncan à 5%.

NaCl	0 mM	100 mM	200 mM	300 mM	400 mM
Kelbia	10.96a	12.95ab	18.35c	16.31c	14.01b
Monastir	11.49a	13.69b	15.47c	16.08c	12.74ab
Gabès	11.09a	16.53c	17.08c	17.38c	13.49b
Kébili	19.82b	21.80b	29.68c	22.28b	15.66a
Soliman	9.80a	11.35b	13.35c	12.87c	13.49c
Haouaria	12.78a	16.21b	20.82c	21.99c	25.47d
Medjez El Beb	10.37a	14.55b	20.51c	19.92c	19.20c
Enfidha	8.41a	13.26b	18.13c	17.84c	13.10b
Tabarka	9.72a	13.69b	17.70c	16.88c	13.60b
Meleh El Jem	13.86a	17.18bc	18.79c	20.72d	16.61b

(iii) Par conséquent, les plantes soumises à la contrainte saline n'ont pas augmenté leurs efficacités d'utilisation de K^+ (Tab. 4.7).

Tableau 4.7. Efficacité d'utilisation de K^+ (EUK en g MS. µmol K^+) au niveau de la plante entière chez des plantes de dix provenances de *P. monspeliensis* Desf. cultivées pendant 55 jours en présence de 0. 100. 200. 300 et 400 mM NaCl. Moyennes de 6 répétitions. Celles suivies des lettres différentes sont significativement différentes selon le test de Duncan à 5%.

NaCl	0 mM	100 mM	200 mM	300 mM	400 mM
Kelbia	1.13b	1.07b	0.91a	0.87a	0.86a
Monastir	1.37c	1.30c	1.15b	1.00a	1.09ab
Gabès	1.19c	0.97b	0.88ab	0.78a	0.97b
Kébili	0.52b	0.47ab	0.41a	0.46ab	0.56c
Soliman	1.30c	1.20c	1.07b	0.97ab	0.86a
Haouaria	1.22d	1.07c	0.88b	0.81ab	0.73a
Medjez El Beb	1.13c	0.91b	0.68a	0.66a	0.58a
Enfidha	1.48c	1.16b	0.84a	0.87a	1.07b
Tabarka	1.38c	1.09b	0.97a	0.93a	0.94a
Meleh El Jem	1.03a	0.93a	0.91a	0.91a	0.93a

Pour le calcium, les tableaux 4.8. 4.9 et 4.10 permettent de dégager les conclusions suivantes:

(i) La sélectivité d'absorption Ca^{2+}/Na^+ a accusé une augmentation graduelle avec la salinité indépendamment de la provenance (Tab. 4.8). A forte salinité (400 mM NaCl), les provenances qui ont montré les plus faibles sélectivités (8.4 à 9.7) sont Soliman, Enfidha, Tabarka et Meleh El Jem dont la majorité ont montré les plus faibles rapports Ca^{2+}/Na^+ au niveau de leurs organes aériens. La plus forte sélectivité en faveur de Ca^{2+} par rapport à Na^+ a été enregistrée chez Gabès (32.3).

(ii) Malgré cette augmentation de la sélectivité Ca^{2+}/Na^+, nous avons obtenu une réduction de l'efficacité d'absorption de ce cation majeur avec la concentration en NaCl chez la majorité des provenances (Tab. 4.9). Chez Kelbia, Gabès et Kébili, l'optimum de ce paramètre a été observé à 100-200 mM NaCl.

(iii) En réponse à la limitation calcique induite par la salinité, une augmentation de l'efficacité d'utilisation de Ca^{2+} avec la salinité a été notée, notamment aux fortes concentrations en NaCl (Tab. 4.10). Seule la provenance Gabès a maintenu ce paramètre stable aux alentours de 2 g MS. $mmol^{-1}$ Ca^{2+}. Les valeurs les plus élevées ont été observées chez les provenances Enfidha (5.83 MS. $mmol^{-1}$ Ca^{2+}). suivie de Soliman (5.71 MS. $mmol^{-1}$ Ca^{2+}) et Tabarka (5.15 MS. $mmol^{-1}$ Ca^{2+}).

Tableau 4.8. Sélectivité d'absorption Ca^{2+}/Na^+ chez des plantes de dix provenances de *P. monspeliensis* Desf. cultivées pendant 55 jours en présence de 0. 100. 200. 300 et 400 mM NaCl. Moyennes de 3 répétitions. Celles suivies des lettres différentes sont significativement différentes selon le test de Duncan à 5%.

NaCl	0 mM	100 mM	200 mM	300 mM	400 mM
Kelbia	0.83a	7.06b	12.47c	18.16d	18.98d
Monastir	0.89a	7.79b	11.40bc	14.96c	21.69d
Gabès	0.87a	8.84b	17.79c	25.27d	32.31d
Kébili	0.82a	5.48b	11.44c	16.24cd	19.91d
Soliman	0.67a	3.28b	5.81bc	8.51c	8.43c
Haouaria	0.79a	2.89b	6.45c	13.01d	21.39e
Medjez El Beb	0.91a	9.10b	14.57cd	17.30d	18.62d
Enfidha	0.74a	3.49b	5.87bc	7.38cd	9.00d
Tabarka	0.70a	3.64b	5.15bc	7.16c	9.26c
Meleh El Jem	0.79a	4.01ab	6.20ab	10.82a	9.69b

Tableau 4.9. Efficacité d'absorption de Ca^{2+} (EACa en µmol Ca^{2+}. g^{-1} MS) chez des plantes de dix provenances de *P. monspeliensis* Desf. cultivées pendant 55 jours en présence de 0. 100. 200. 300 et 400 mM NaCl. Moyennes de 3 répétitions. Celles suivies des lettres différentes sont significativement différentes selon le test de Duncan à 5%.

NaCl	0 mM	100 mM	200 mM	300 mM	400 mM
Kelbia	3.86cd	3.52bc	4.14d	3.06b	2.28a
Monastir	6.69e	5.39d	4.06c	2.81b	2.40a
Gabès	5.50ab	6.54b	5.45ab	4.86a	4.75a
Kébili	4.62b	4.52b	5.19b	3.94ab	3.03a
Soliman	4.48c	3.40b	3.17b	3.05ab	2.07a
Haouaria	4.55b	3.20a	3.63a	2.79a	3.34a
Medjez El Beb	7.70c	5.46b	5.03b	3.70a	2.84a
Enfidha	5.03c	3.83b	2.84a	2.78a	2.10a
Tabarka	4.45d	3.50c	3.31bc	2.69b	2.01a
Meleh El Jem	4.38c	3.41b	3.43b	4.57c	2.51a

Tableau 4.10. Efficacité d'utilisation de Ca^{2+} (EUCa en g MS. µmol Ca^{2+}) au niveau de la plante entière chez des plantes de dix provenances de *P. monspeliensis* Desf. cultivées pendant 55 jours en présence de 0. 100. 200. 300 et 400 mM NaCl. Moyennes de 3 répétitions. Celles suivies des lettres différentes sont significativement différentes selon le test de Duncan à 5%.

NaCl	0 mM	100 mM	200 mM	300 mM	400 mM
Kelbia	2.37a	2.91ab	3.14ab	3.54b	4.81c
Monastir	1.69a	2.57b	3.58c	4.40d	4.63d
Gabès	2.15a	2.27a	2.33a	2.27a	2.49a
Kébili	1.70a	1.89a	2.14ab	2.12ab	2.61b
Soliman	2.65a	3.48a	4.00a	4.11ab	5.71b
Haouaria	2.88a	5.08b	4.63ab	5.31b	4.59ab
Medjez El Beb	1.08a	1.80ab	2.55bc	3.06c	3.12c
Enfidha	1.97a	3.52ab	4.72bc	5.17bc	5.83c
Tabarka	2.11a	3.02ab	4.06bc	4.37c	5.15c
Meleh El Jem	2.49a	3.28a	3.75ab	3.45a	4.94b

Concernant la nutrition magnésienne, nous avons représenté la sélectivité d'absorption Mg^{2+}/Na^+ ainsi que les efficacités d'absorption et d'utilisation de cet élément majeur respectivement dans les tableaux 4.11, 4.12 et 4.13. Les conclusions principales sont les suivantes:

(i) Face à la limitation imposée par le sel sur les systèmes d'acquisition du magnésium, les différentes provenances ont augmenté leur sélectivité Mg^{2+}/Na^+ avec la sévérité du stress (Tab. 4.11). Toutefois, des différences intraspécifiques ont caractérisé ce paramètre dont les valeurs les plus élevées ont été observées chez les provenances Kelbia, Monastir et Haouaria (49.1-50.5) et les valeurs les plus faibles ont été enregistrées chez Enfidha, Soliman et Meleh El Jem (21.1-23.1).

(ii) Mais, malgré cette réponse physiologique du système racinaire, les efficacités d'absorption de Mg^{2+} se sont avérées soit constantes chez tous les traitements soit légèrement réduites en conditions de salinité sévère (Tab. 4.12).

(iii) Ainsi, les organes photosynthétiques, dont les teneurs en ce nutriment ont été fortement réduites par le sel, ont amélioré leur efficacité de son utilisation (Tab. 4.13). La provenance Enfidha a montré la valeur la plus élevée (5.5 g MS. mmol Mg^{2+}) et Tabarka et Medjez El Beb ont montré les valeurs les plus faibles (2.4 et 2.9 g MS. mmol Mg^{2+}, respectivement).

Tableau 4.11. Sélectivité d'absorption Mg^{2+}/Na^+ chez des plantes de dix provenances de *P. monspeliensis* Desf. cultivées pendant 55 jours en présence de 0, 100, 200, 300 et 400 mM NaCl. Moyennes de 3 répétitions. Celles suivies des lettres différentes sont significativement différentes selon le test de Duncan à 5%.

NaCl	0 mM	100 mM	200 mM	300 mM	400 mM
Kelbia	0,79a	12,17a	24,66b	37,65c	50,45d
Monastir	0,80a	11,34b	21,30c	33,22d	49,13e
Gabès	0,82a	13,64b	26,17c	36,16d	47,81e
Kébili	0,72a	6,74b	16,73c	21,24d	33,53e
Soliman	0,62a	7,35b	12,45c	20,45d	23,12d
Haouaria	0,80a	9,22b	17,60c	39,24d	50,32d
Medjez El Beb	0,82a	16,00b	30,70c	36,27c	44,64d
Enfidha	0,57a	4,93b	11,87c	15,50d	21,14e
Tabarka	0,70a	9,62b	16,70c	25,80d	40,26e
Meleh El Jem	0,78a	8,48b	13,90c	23,33d	22,59d

Tableau 4.12. Efficacité d'absorption de Mg^{2+} (EAMg en µmol Mg^{2+}. g^{-1} MS) chez des plantes de dix provenances de *P. monspeliensis* Desf. cultivées pendant 55 jours en présence de 0, 100, 200, 300 et 400 mM NaCl. Moyennes de 3 répétitions. Celles suivies des lettres différentes sont significativement différentes selon le test de Duncan à 5%.

NaCl	0 mM	100 mM	200 mM	300 mM	400 mM
Kelbia	2,88a	2,48a	3,46a	2,76a	2,84a
Monastir	3,21a	3,01a	3,22a	2,70a	2,37a
Gabès	3,49bc	3,84c	2,95ab	2,54a	2,60a
Kébili	2,57a	2,16a	2,92a	1,97a	2,06a
Soliman	3,55c	3,33bc	2,90ab	3,24bc	2,51a
Haouaria	4,68b	4,80b	4,55b	3,97ab	3,48a
Medjez El Beb	3,41ab	3,77ab	4,44b	3,30ab	3,12a
Enfidha	2,30a	2,27a	2,57a	2,63a	2,22a
Tabarka	4,33a	4,20a	4,87a	4,64a	4,38a
Meleh El Jem	4,09bc	3,16a	3,44ab	4,31c	2,72a

Tableau 4.13. Efficacité d'utilisation de Mg^{2+} (EUMg en g MS. µmol Mg^{2+}) au niveau de la plante entière chez des plantes de dix provenances de *P. monspeliensis* Desf. cultivées pendant 55 jours en présence de 0, 100, 200, 300 et 400 mM NaCl. Moyennes de 3 répétitions. Celles suivies des lettres différentes sont significativement différentes selon le test de Duncan à 5%.

NaCl	0 mM	100 mM	200 mM	300 mM	400 mM
Kelbia	3,17a	4,19b	3,76ab	4,03b	3,81ab
Monastir	3,54a	4,62b	4,62b	4,61b	4,75b
Gabès	3,40a	3,87ab	4,22ab	4,33b	4,51b
Kébili	3,06a	3,98b	3,80b	4,29b	3,86b
Soliman	3,31a	3,49ab	4,33c	3,85b	4,44c
Haouaria	2,78a	3,31b	3,47b	3,73b	4,38c
Medjez El Beb	2,49a	2,60a	2,88ab	3,35b	2,87ab
Enfidha	4,32a	5,82c	5,05b	5,34bc	5,52bc
Tabarka	2,13a	2,45ab	2,76b	2,58ab	2,38ab
Meleh El Jem	2,63a	3,55b	3,75b	3,62b	4,52c

5. Conclusion

L'effet de NaCl chez *P. monspeliensis* Desf. est essentiellement toxique/nutritionnel. La nutrition potassique a été maintenue stable ou même légèrement améliorée en conditions de salinité grâce aux systèmes d'absorption de cet élément qui sont à haute sélectivité K^+/Na^+. Pour le calcium et le magnésium, où l'augmentation de la sélectivité cation majeur/Na^+ n'a pas aboutit à une efficacité d'absorption adéquate, une amélioration de l'efficacité d'utilisation de ces deux nutriments a été décelée. Ces stratégies adaptatives ont été le siège d'une grande variabilité intraspécifique. A l'exception de la provenance Kelbia, Monastir et Gabès, toutes les autres se sont avérées accumulatrices de sel que ce soit au niveau des racines et des organes aériennes ou au niveau des racines seules. Pour l'acquisition du potassium, nous avons remarqué que la provenance Haouaria est la plus sélective en faveur de ce cation par rapport à Na$^+$. Gabès a montré la plus forte sélectivité Ca^{2+}/Na$^+$, suivie de Monastir et Haouaria. Quant à la sélectivité Mg^{2+}/Na$^+$, Kelbia, Monastir et Haouaria ont montré la plus forte valeur. Les provenances les moins sélectives en faveur du calcium et/ou du magnésium par rapport au sodium (Soliman, Enfidha, Tabarka et Meleh El Jem) récompensent les limitations auxquelles elles sont exposées en augmentant leur efficacité d'utilisation de Ca^{2+} et/ou de Mg^{2+}. Ces résultats illustrent une variabilité des comportements nutritionnels sous contrainte saline chez *P. monspeliensis* Desf. et témoignent d'une plasticité des stratégies adaptatives de l'espèce.

Conclusion générale

Polypogon monspeliensis Desf., une poacée répartie dans différentes étages bioclimatiques du nord au sud du pays, est une halophyte facultative pouvant survivre et produire de la biomasse même à 400 mM NaCl, en maintenant une teneur en eau plus importante que celle obtenue en absence de sel. En effet, les ions Na^+ absorbés ont été bien compartimentés au niveau des cellules où ils contribuent à leur ajustement osmotique au lieu du potassium. En outre, cette espèce a montré un seuil d'accumulation du sodium qui varie d'une provenance à une autre, Kelbia, Monastir et Gabès ayant les seuils les plus bas. Ainsi, le sel n'a pas induit un stress hydrique chez les 10 provenances étudiées; son effet étant plutôt toxique/nutritionnel. Les réponses nutritionnelles se sont traduites, essentiellement, par l'adaptation des systèmes d'absorption des cations majeurs (K^+, Ca^{2+} et Mg^{2+}) d'une part, et la bonne gestion des quantités de nutriments acquises, d'autre part. Toutefois, une variabilité intraspécifique très marquée a caractérisé le comportement nutritionnel de cette poacée. En effet, chez certaines provenances (essentiellement Haouaria et Gabès), ce comportement a été basé sur la sélectivité d'absorption en faveur des cations majeurs par rapport au sodium, alors que chez d'autres (Soliman, Enfidha, Tabarka et Meleh El Jem), il repose sur une bonne efficacité d'utilisation des éléments absorbés. Les échanges gazeux photosynthétiques ont été, également, le siège d'une variabilité intraspécifique énorme aussi bien en présence qu'en absence de sel. De toutes les provenances étudiées, Enfidha s'est montrée la plus apte à adapter ses échanges gazeux en réduisant sa conductance stomatique et par conséquent sa transpiration, d'une part, et en maintenant une bonne assimilation nette de CO_2, d'autre part. Ceci s'est traduit par une meilleure efficacité d'utilisation de l'eau par rapport aux autres provenances. Tous ces résultats témoignent d'une richesse génétique de l'espèce ayant la capacité de répondre à la contrainte saline de diverses manières afin de maintenir sa capacité de survivre et de produire de la biomasse végétale.

Références bibliographiques

Abdelly C., Lachaal M., Grignon C., Soltani A et Hajji M (1995): Association épisodique d'halophytes stricts et de glycophytes dans un écosystème hydromorphe salé en zone semi-aride. *Agronomie*, 15 : 557-568.

Abouheif MA., Al-Saiady M., Kraidees M., Tag Eldin A., Metwally H (2000): Influence of inclusion of *salicornia* biomass in diets for rams on digestion and mineral balance. *Asian–Aust. J. Anim. Sci*, 13: 967–973.

Abu-Zanat MMW., Tabbaa MJ (2006): Effect of feeding Atriplex browse to lactating ewes on milk yield and growth rate of their lambs. *Small Rumin, Res.* 64: 152–161.

Allakhverdiev S.I., A. Sakamoto, Nishiyama Y., Inaba M., and Murata N (2000): Ionic and osmotic effects of NaCl-induced inactivation of photosystems I and II in *Synechococcus* sp. *Plant Physiol*, 123: 1047-1056.

Ashraf M (1994): Organic substances responsible for salt tolerance in Eruca sativa. *Biol Plant*, 36: 61–71.

Ashraf M (2001): Relationships between growth and gas exchange characteristics in some salt-tolerant amphidiploids *Brassica* species in relation to their diploid parents. *Environmental and Experimental Botany*, 45: 155-163.

Barhoumi Z (2007): Mécanismes d'adaptations à la salinité et comportement vis-à-vis de la limitation azotées de trois poacées à potentialités fourragères : *Aeluropis littoralis, Brachypodium distachyum et Catapodium rigidum*. *Thèse Doct*, Tunis, 174 pp.

Barhoumi Z., Dejbali W., Abdelly C., Chaibi W., and Smaoui A (2008): Ultrastructure of *Aeluropis littoralis* leaf salt glands under salt stress. *Protoplasma*, 233: 195-202.

Batanouny K H (1992): Contribution of the German scientists to botany and related disciplines in Egypt over two centuries.

Ben Amor N., Ben Hamed K., Debez A., Grignon C., Abdelly C (2005): Physiological and antioxidant responses of the perennial halophyte *Crithmum maritimum* to salinity. *Plant Science*, 168: 889–899.

Binet P (1999): Ecophysiologie des halophytes. In Nabli MA eds., Adaptation des végétaux au milieu aride. FST, Tunisie, 8: 243.

Bizid E., Zid E., Grignon C (1988): Tolérance à NaCl et sélectivité K+/Na+ chez les *Triticales. Agronomie*, 8 : 23–27.

Bortolus A., Iribarne OO., Martinez MM (1998): Relationship between waterfowl and the seagrass *Ruppia maritima* in a southwestern Atlantic coastal lagoon. *Estuaries*, 21: 710-717.

Burman U., Garg B.K et Kathju S (2003): Water relations, photosyunthesis and nitrogen metabolism of Indian mustard grown under salt stress. *J. Plant Biol*, 30: 55-60.

Carbonell-Barrachina A.A., Burlo F et Mataix J (1998): Response of bean micronutrient nutrition to arsenic and salinity. *J.Plant nutr*, 21 (6): 1287-1299.

Chinnusamy V., Jagendorf A et Zhu J-K (2005): Understanding and improving salt tolerance in plants. *Crop Science*, 45: 437–448.

Cornish K., Radin J.W., Turcotte E.L., Lu Z et Zeiger E (1999): Enhanced photosynthesis and stomatal conductance of Pima cotton (*Gossypium barbadense* L.) bred for increased yield. *Plant physiol*, 97: 484-489.

Courtemanche RPJR., Hester MW et Mendelssohn IA (1999): Recovery of a Louisiana barrier island marsh plant community following extensive Hurricane-induced overwash. *J. coast research*, 15: 872-883.

Cuénod A., Pottier G., Alapetite et Labbe A. (1954): Flore analytique et synoptique de la Tunisie.

Darke R et Griffiths M. (eds.) (1994): The Royal Horticultural Society, Manual of the grasses. Timber Press, Portland, Oregon. 169 pp.

Debez A., Saadaoui D., Ramani B., Ouerghi Z., Koyro H.W., Huchzermeyer B et Abdelly C (2006): Leaf H+ ATPase activity and photosynthetic capacity of *Cakile maritima* under increasing salinity. *Environ.Exp.Bot*,57: 285-295.

Delfine S., Alvino A., Villani M.C et Loreto F (1999): Restrictions to CO2 conductance and photosynthesis in spinach leaves recovering from salt stress. *Plant Physiology*, 119: 1101–1106.

Downton W.J.S., Loveys B.R et Grant W.J.R (1990): Salinity effects on the stomatal behavior of grapevine. *New Phytol.* 116: 499-503.

Drennan P et Pammenter N.W (1982): Physiology of salt secretion in the mangrove Avicennia marina. New Phytol, 91: 597-606.

Drew M.C., Hole P.C., and Picchioni G.A (1990): Inhibition by NaCl of net CO_2 fixation and yield of cucumber. *J. Am. Soc. Hort. Sci*, 15: 472-477.

Evans PM et Kearney GA (2003): *Melilotus albus* (Medik.) is productive band regenerates well on saline soils of neutral to alkaline reaction in the high rainfall zone of south-western Victoria. *Aust. J. Exp. Agric*, 43, 349–355.

Faville M.J., Silvester W.B., Green T.G.A et Jermyn W. A (1999): Photosynthetic characteristic of three asparagus cultivars differing in yield. *Crop Sci*, 39: 1070-1077.

Flowers TJ (2004): Improving crop salt tolerance. *J. Exp. Bot*, 55: 307–319.

Flowers TJ et Colmer TD (2008): Salinity tolerance in halophytes. *New Phytol*, 179: 945–963.

Garcia-Legaz M.F., Ortiz, J.M., Garcia-Lindon A et Cerda A (1993): Effect of salinity on growth, ion content and CO_2 assimilation rate in lemon varieties on different rootstocks. *Physiol. Plant*, 89: 127–142.

Garcia-Sanchez F., Jifon JL., Carvaial M et Syvertsen JP (2002): Gas exchange, chlorophyll and nutrient contents in relation to Na+ and Cl2 accumulation in 'Sunburst' Mandarin grafted on different rootstocks. *Plant Sci*, 162: 705–712.

Ghnaya T., Nouairi I., Slama I., Messedi D., Grignon C., Abbelly C et Ghorbel M H (2005): Cadmium effects on growth and mineral nutrition of two halophytes: *Sesuvium portulacastrum* and *Mesembryanthemum crystallinum*. *Journal of Plant Physiol*, 162(10): 1133-40.

Glenn EP et O'Leary JW (1985) Productivity and irrigation requirements of halophytes grown with seawater in the Sonoran Desert. *J. Arid Environ*, 9: 81–91.

Glenn EP., Coates WE., Riley JJ., Kuel RO et Swingle RS (1992): *Salicornia bigelovii* Torr: seawater-irrigated forage for goats. *Anim. Feed Sci. Technol*, 40: 21–30.

Goldstein G., Drake D. R., Alpha C., Melcher P., Heraux J et Azocar. A (1996): Growth and photosynthetic responses of *Scaevola sericea*, a Hawaiian costal shrub, to substrate salinity and salt spray. *Int.J.Plant Sci*, 157: 171-179.

Grattan S.R et Grieve C.M (1992): Mineral element acquisition and growth response of plants grow in saline environments. *Agric.Ecosyst.Envir*, 38: 275-300.

Gutterman I (1982): Phenotypic maternal effect of photoperiod on seed germination. *In*: Khan, A.A. (ed.). 1982. The physiology and biochemistry of seed development, dormancy and germination. *Elsevier Biomedical Press*, Amsterdam, Netherlands. 547 pp.

Hachicha M., Job JO and Mtimet A (1994): Les sols salés et la salinisation des sols en Tunisie. *Sols de Tunisie, Bulletin de la Direction des Sols*, 15 : 270-341.

Hafsi C., Lakhdar A., Rabhi M., Barhoumi Z., Abdelly C et Ouerghi Z (2007): Interactive effects of NaCl and potassium availability on growth, water status, and mineral nutrition of *Hordeum maritimum*. *J. Plant Nutr. Soil Sci*, 170: 469-473.

Hafsi C., Romero-Puertas M.C., Del Río L.A., Abdelly. C et Sandalio L.M (2010): Antioxidative response of *Hordeum maritimum* L. to potassium deficiency. *Acta Physiologiae Plantarum*, Sous press.

Heiser Jr. C. B et Whitaker T.W. (1948): Chromosome number, polyploidy, and growth habit in California weeds. *American Journal of Botany*, 35 (3): 79-186.

Helalia A. M., El-Amir S. S. T., Abou-Zeid et K. F. Zagholoul (1990): Bioremediation of saline-sodic soil by amshot grass in northern Egypt. *Soil and Tillage Research*, 22: 109-116.

Hemsley JA (1975): Effect of high intake of sodium chloride on the utilisation of a protein concentrate by sheep. I. Wool growth. *Aust. J. Agric. Res.* 26: 709–714.

Hernandez JA., Olmos E., Corpas FJ., Sevilla F et Del Rio LA (1995): Salt-induced oxidative stress in chloroplasts of pea plants. *Plant Sci*, 105: 151–167.

Hester M. W., Mendelsohn I.A et Mckee K.L (2001): Species and population variation to salinity stress in *Panicum hemitomon*, *Spartina patens*, and *Spartina alterniflora*: morphological and physiological constraints. *Environ. Exp. Bot*, 46: 277-297.

Hewitt EJ (1966): Sand and water culture methods used in the study of plant nutrition. *Commonw Bur Horticult Tech Commun*, 22: 431– 446.

Hu Y. C., Schnyder H et abd Schmidhalter U (2000): Carbohydrate deposition and partitionning in elongation leaves of wheat under saline soil conditions. *Aus.J.Plant Physiol*, 27: 363-370.

Hunt R (1990): Basic Growth Analysis: Plant Growth Analysis for Beginners. Unwin Hyman, London, pp 112.

Indejit et K.M. Dakshini (1995): Allelopathic potential of an annual weed, *Polypogon monspeliensis*, in crops in India. *Plant and Soil*, 173:251-257.

Iyengar E. R. R et Reddy M. P (1996): Photosynthesis in highly salt tolerant plants. In: Pesserkali, M. (ed.), Handbook of photosynthesis. Marshal Dekar, Baten Rose, USA, pp. 897–909.

Jacobson L. (1951): Maintenance of iron supply in nutrient solution by a single addition of ferric-potassium-ethylene-diamine-tetraacetate. *Plant Physiol*, 26: 411 - 413.

Kashem M. A., Singh B. R et Imamul Huq S.M (2000): Arsenic in drinking waters A calamity to human health in Bangladesh. In J. Lag, (ed), Proceedings of the International Symposium: Geomedical Problems in Developing Countries, October 1999, Oslo. The Norwegian Academy of Science and Letters, Oslo, P. 96 - 105, ISBN 82-90-888-31-7 (Norway).

Khan M. A., Ungar I. A et Showalter A. M (2000): The effect of salinity on the growth, water status, and ion content of a leaf succulent perennial halophyte, *Suaeda fruticosa* (L.) Forssk. *J. Arid Environ*, 45: 73-84.

Khan M.A., Kust G.S., Barth H-J et B. Böer (2006): Sabkha Ecosystems. Springer Vol: II, 129-153.

Khan M.A., Ungar I.A et A.M. Showalter (2000): Effects of salinity on growth, water relations and ion accumulation in the subtropical perennial halophyte, *Atriplex griffithii* var. stocksii, Ann. Bot, 85: 225–232.

Koyro H.W (2006): Effect of salinity on growth, photosynthesis, water relations and solute composition of the potential cash crop halophyte *Plantago coronopus* (L.). *Environ. Exp. Bot*, 56: 136-146.

Kuhn N.L et Zelder J.B (1997): Differential effects of salinity and soil saturation on native and exotic plants of a coastal salt marsh. *Estuaries*, 20(2): 391-403.

Labidi N., Ammari M., Mssedi D., Benzerti M., Snoussi S et Abdelly C (2010): Salt excretion in Suaeda fruticosa. *Acta Biol Hung*, 61(3):299-312.

Larcher W. (1995): Physiological Plant Ecology, *Springer-Verlag*, Berlin, pp. 396–409.

Läuchli A (1999): Physiological markers for salinity tolerance in plants. In: Altman A, Ziv M, Izhar S (eds) Plant Biotechnology and *In Vitro* Biology in the 21 st Century. Kluwer Academic Publishers, Dordrecht, Netherlands, pp 517–520.

Levigneron A., Lopez F., Vansuyt G., Berthomieu P., Fourcroy P. et Casse-Delbart F. (1995): Les plantes face au stress salin, *Cah. Agri,* 4 : 263–273.

Lieth H., Moschenko M., Lohmann M Koyro H-W et Hamdy A (1999): Halophyte Uses in Different Climates. I. Ecological and Ecophysiological Studies. *Backhuys Publisher.* 258 pp.

Liska AJ., Shevchenko A., Pick U et Katz A (2004): Enhanced photosynthesis,and redox energy production contribute to salinity tolerance in Dunaliella as revealed by homology-based proteomics. *Plant Physiol,* 136: 2806–2817.

Locy C.C., Chang B.L., Neilson N.K et Singh (1996): Photosynthesis in salt-adapted heterotrophic tobacco cells and regenerated plants, *Plant Physiol,* 110: 321–328.

Maas E. V., Poss J. A et G. J. Hoffman (1993): Salinity sensitivity of sorgam at three growth stages. *Irrig. Sci,* 7: 1-11.

Maathuis FJM (2006): The role of monovalent cation transporters in plant responses to salinity. *J Exp Bot,* 57: 1137–47.

Manousaki E et Kalogerakis N (2010): Halophytes Present New Opportunities in Phytoremediation of Heavy Metals and Saline Soils. Industrial and Engineering Chemistry Research. Sous Press.

Marcelis.L.F.M et Van Hooijdonk J (1999): Effects of salinity on growth, water and nutrient use in radish. *Plant soil,* 215: 57-64.

Marschner (1995): Mineral Nutrition of Higher Plants, *Academic Press,* London.

Masters DG., Benes SE et Norman HC (2007): Biosaline agriculture for forage and livestock production. Agriculture, *Ecosystems and Environment,* 119: 234–248.

Masters DG., Rintoul AJ., Dynes RA., Pearce KL et Norman HC (2005): Feed intake and production in sheep fed diets high in sodium and potassium. *Aust. J. Agric. Res,* 56: 427–434.

Messedi D., Sleimi N et Abdelly C (2003): Some physiological and biochemical aspects of salt tolerance of *Sesuvium portulacastrum*. In: *Cash Crop Halophytes: Recent studies, Lieth (Eds), Kluwer Academic Publishers*, Great Britain, pp 71-77.

Messedi D., Sleïmi N et Abdelly C (2004): Some physiological and biochemical aspects of salt tolerance of *Sesuvium portulacastrum*. Cash crop Halophytes: Recent studies in H. Lieth (ed). *Kluwer Academic Publication*, pp 71-77.

Morales MA ., Sánchez-Blanco MJ., Olmos E, Torrecillas A et Alarcon JJ (1980): Changes in the growth, leaf water relations and cell ultraestructure in Argyranthemum coronopifolium plants under saline conditions. *J Plant Physiol*, 153: 174–180.

Munns R (2002): Comparative physiology of salt and water stress. *Plant, Cell and Environment*, 25: 239-250.

Munns R et Tester M (2008): Mechanism of salt tolerance. *Annu.rev. Plant boil*, 59: 651-81.

Ouerghi Z., Cornir G., Roudani M., Ayadi A et Brulfert J (2000): Effet of NaCl of the photosynthesis of two wheat species (*Triticum durum and Triticum aestivum*) differing in their sensitivity to salt stress. *J. Plant Physiol*, 15: 519-527.

Parida A.K et Das, A.B (2005): Salt tolerance and salinity effects on plants: *a review. Ecotxicological Environment Safety*, 60: 324–349.

Parker K.F (1972): An illustrated guide to Arizona weeds. The University of Arizona Press, Tucson, AZ. 338 pp.

Pascale S.D et Barbieri G (1995): Effect of soil salinity from long-term irrigation with saline-sodic water on field and quality of winter vegetable crops. *Scient.Hort*, 64: 145-147.

Pasternak D et Nerd A (1996): Research and utilization of halophytes in Israel. In R Choukrallah, CV Malcolm, A Hamdy, eds, Halophytes and Biosaline Agriculture. Marcel Dekker, Inc, New York, pp 325-348.

Perera (1994): Stomatal responses to Na^+ ions in Aster tripolium: a new hypothesis to explain salinity regulation in above-ground tissues. *Plant Cell Environ*, 17: 335-340.

Pettigrew W. T et Meredith W. R (1994): Leaf gas exchange parameters vary among cotton genotypes. *Crop Sci*, 34: 700-705.

Pitman MG (1975): Ion transport in whole plants. In: Baker, DA. And Hall JL. (eds): Ion transport in plant cells and tissues, pp 267-308. North-Holland publishing co., Amsterdam.

Qadir M et Oster JD (2002): Vegetative bioremediation of calcareous sodic soils: history, mechanisms and evaluation. *Irrigation Sci*, 6: 1-18.

Rabhi M., Ferchichi S., Jouini J., Hamrouni M. H., Koyro H-W., Ranieri A., Abdelly C et Smaoui A (2010 d): Phytodesalination of a salt-affected soil with the halophyte Sesuvium portulacastrum L. to arrange in advance the requirements for the successful growth of a glycophytic crop. *Bioresource Technology*, 101: 6822–6828.

Rabhi M., Giuntini D., Castagna A., Remorini D., Baldan B., Smaoui A., Abdelly C et Ranieri A (2010 a): Sesuvium portulacastrum maintains adequate gas exchange, pigment composition, and thylakoid proteins under moderate and high salinity. *Journal of Plant Physiology*, 167: 1336–1341.

Rabhi M., Hafsi C., Lakhdar A., Hajji S., Barhoumi Z., Hamrouni M.H, Abdelly C et Smaoui A (2009): Evaluation of the capacity of three halophytes to desalinize their rhizosphere as grown on saline soils under nonleaching conditions. *Afr. J. Ecol*, 47: 463–468.

Rabhi M., Hajji S., Karray-Bouraoui N., Giuntini D., Castagn A., Smaoui A., Ranieri A et Abdelly C (2010 b): Nutrient uptake and management under saline conditions in the xerohalophyte: *Tecticornia indica* (Willd.) subsp. *Indica*. *Acta Biologica Hungarica*, 61(4): 486–497.

Rabhi M., Karray-Bouraoui N., Medini R., Attia H., Athar. H. R, Abdelly C et Smaoui A (2010 c): Seasonal variations in phytodesalination capacity of two perennial halophytes in their natural biotope. *Journal of Biological Research-Thessaloniki*, 14: 181 – 189.

Ramani B., Reek T., Debez A., Stelzer R., Huchzermeyer B., Schmidt A et Papenbrock (2006): *Aster tripolium* L. and *Sesuvium portulacastrum* L.: two halophytes, two strategies to survive in saline habitats. *Plant Physiol. Biochem*, 44: 395-408.

Riadh K., Falleh H., Megdiche W., Trabelsi N., Mhamdi B., Chaieb K., Bakrouf A., Magné C et Abdelly C (2009): Antioxidant and antimicrobial activities of the edible medicinal halophyte *Tamarix gallica* L. and related polyphenolic constituents. Food and chemical toxicology : an international journal published for the British *Industrial Biological Research Association*. 47(8): 2083-91.

Ridley H.N (1930): The dispersal of plants throughout the world. L. Reeve and Co., Ltd., Lloyds Bank Buildings, Ashford, Kent. 744 pp.

Rivelli A.R., Lovelli S et Perniola M (2002): Effects of salinity on gas exchange, water relations and growth of sunflower (*Helianthus annuus*). *Funct. Plant Biol*, 29: 1405–1415.

Robinson PH., Grattan SR., Getachew G., Grieve CM., Poss JA., Suarez DL et Benes SE (2004): Biomass accumulation and potential nutritive value of some forages irrigated with saline-sodic drainage water. *Anim.Feed Sci. Technol*, 111: 175–189.

Rozema J (1996): Biology of halophytes. In R. Choukrallah CV. Malcolm and A. Hamdy eds., Halophytes and Biosaline Agriculture, M. Dekker Inc., New York: 17-30.

Schachtman DP et Schroeder JI (1994): Structure and transport mechanism of a high affinity potassium uptake transporter from higher plants. *Nature*, 370: 655-658.

Shay EG (1990): Saline agriculture. Salt tolerant plant for developing countries. Report of a panel of the board on science and technology for international development office of international affairs national research. *National Academic Press, Washington DC*, p143.

Siew P et Klein C.R (1969): The effect of NaCl on some metabolic and fine structural changes during the greening of etiolated leaves. *J. Cell Biol*, 37: 590-596.

Smaoui Abderrazak, Barhoumi Zouhaier, Rabhi Mokded et Abdelly Chedly (2010): Localization of potential ion transport pathways in vesicular trichome cells of *Atriplex halimus* L. *Australian Journal of Botany*, 2(3): 269 – 286.

Stepien P et Giles N. Johnson (2009): Contrasting Responses of Photosynthesis to Salt Stress in the Glycophyte *Arabidopsis* and the Halophyte *Thellungiella*: Role of the Plastid Terminal Oxidase as an Alternative Electron Sink. *Plant Physiology*, 149: 1154–1165.

Stepien P et Klobus G (2006): Water relations and photosynthesis in *Cucumis sativus* L. leaves under salt stress. *Biol Plant*, 50: 610–616.

Suyama H., Benes SE., Robinson PH., Getachew G., Grattan SR et Grieve CM (2006): Biomass yield and nutritional quality of forage species under long-term irrigation with saline-sodic drainage water: field evaluation. *Anim. Feed Sci. Technol.*, doi:10.1016/j.anifeedsci.08.010.

Tester M et Davenport R (2003): Na+ tolerance and Na+ transport in higher plants. *Ann Bot*, 91: 1–25.

Torrecillas A., Rodriguez P et Sanchez-Blanco M.J (2003): Comparison of growth, leaf water relations and gas exchange of *Cistus albidus* and *C. monspeliensis* plants irrigated with water of different NaCl salinity levels, *Sci. Hortic*, 97: 353–368.

United States Department of Agriculture, Natural Resources Conservation Service (2001): The PLANTS database, Version 3.1 (http://plants.usda.gov/plants/). National Plant Data Center, Baton Rouge, LA 70874-4490 USA.

Volkmar K.M., Hu Y et Steppuhn H. (1998): Physiological responses of plants to salinity: a review, *Can. J. Plant Sci*, 78: 19–27.

Waller S.S et Lewis J.K. (1979): Occurrence of C3 and C4 photosynthetic pathways in North American grasses. *Journal of Range Management*, 32(1): 12-28.

Wang Y et Nil N (2000): Changes in chlorophyll, ribulose biphosphate carboxylase–oxygenase, glycine betaine content, photosynthesis and transpiration in *Amaranthus tricolor* leaves during salt stress. *J. Hortic.Sci. Biotechnol*, 75: 623-627.

Weber D.J., Gul B., Khan M.A., Williams T., Wayman P et Warner S (2001): Composition of vegetable oil from seeds of native halophytic shrubs. In: McArthur, E. Durant; Fairbanks, Daniel J., comps. 2000. Proceedings: Shrubland Ecosystem Genetics and Biodiversity. Proceedings RMRS-P-000. Ogden, Ut: U.S. Department of Agriculture, Forest Service Rocky Mountain Research Station.

Weiller C.M., Henwood M.J., Lenz J et Watson L. (1995): onwards. Pooideae (Poaceae) in Australia - Descriptions and Illustration.

Whitson T.D., Burrill L.C., Dewey S.A., Cudney D.W., Nelson B.E., Lee R.D et Parker R. (1992): Weeds of the West. The Western Society of Weed Science in cooperation with the Western United States Land Grant Universities Cooperative Extension Services and the University of Wyoming. 630 pp.

Winicov (1998): New molecular approaches to improving salt tolerance in crop plants, *Ann. Bot*, 82: 703–710.

Yeo A.R et Flowers T.O (1982): Accumulation and localization of sodium ions within the shoot of rice varieties differing in salinity resistance. *Physiol. Plant*, 56: 343-348.

Yeo AR (1998): Molecular biology of salt tolerance in the context of whole-plant physiology. *J Exp Bot*, 49: 915–29.

Yeo AR., Lee KS., Izard P., Boursier PJ et Flowers TJ (1991): Short-term and long-term effects of salinity on leaf growth in rice (Oryza sativa L). *J Exp Bot*, 42: 881–889.

Zhao K.F (1991): Desalinization of saline soil by Suaeda salsa. Plant Soil, 135: 303-305.

Zid E et Grignon C (1991): Les tests de sélection précoce pour la résistance des plantes aux stress. Cas des stress salin et hydrique. *IIème journées scientifiques du réseau de biotechnologie «L'amélioration des plantes pour l'adaptation aux milieux arides» AUPELF-UREF. J.Libbey (eds) Eurotext, Paris et Londres.*

Zurayk, R., F. El-Awar S., Hamadeh S., Talhouk C., Sayegh A., Chehab et K. al Shab (2001): Using indigenous knowledge in land use investigations: a participatory study in a semi-arid mountainous region of Lebanon. *Agriculture, Ecosystems and Environment*, 86(3): 247-262.

Oui, je veux morebooks!

I want morebooks!

Buy your books fast and straightforward online - at one of the world's fastest growing online book stores! Environmentally sound due to Print-on-Demand technologies.

Buy your books online at
www.get-morebooks.com

Achetez vos livres en ligne, vite et bien, sur l'une des librairies en ligne les plus performantes au monde!
En protégeant nos ressources et notre environnement grâce à l'impression à la demande.

La librairie en ligne pour acheter plus vite
www.morebooks.fr

OmniScriptum Marketing DEU GmbH
Heinrich-Böcking-Str. 6-8
D - 66121 Saarbrücken   Telefax: +49 681 93 81 567-9

info@omniscriptum.de
www.omniscriptum.de

Printed by Books on Demand GmbH, Norderstedt / Germany